输变电工程
建设专项费用计算方法

保供电

组　编　广东省电力建设定额站

主　编　高晓彬　姜玉梁

副主编　赖启结　刘刚刚

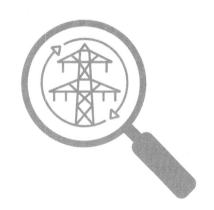

中国电力出版社
CHINA ELECTRIC POWER PRESS

内 容 提 要

本书在能源安全新战略的背景下，针对输变电工程建设常见的保供电情形，系统梳理了保供电的现状及相关法规政策，从进度、质量、安全、造价等项目管理要素出发梳理了保供电项目的管理要点。在此基础上重点针对计价依据不完善、计价争议多等难点问题，介绍了保供电作业、发电车（机）台班等各项费用的计算方法和计价指引。最后给出案例展示保供电项目计价的操作方法。

本书可供参与输变电工程建设的建设管理单位、设计单位、施工单位、监理单位等从业人员使用，也可为相关的造价咨询或研究人员提供参考。

图书在版编目（CIP）数据

输变电工程建设专项费用计算方法. 保供电 / 广东省电力建设定额站组编；高晓彬，姜玉梁主编. -- 北京：中国电力出版社，2025. 3. -- ISBN 978-7-5198-9795-6

Ⅰ. TM7；TM63

中国国家版本馆 CIP 数据核字第 202508D438 号

出版发行：中国电力出版社
地　　址：北京市东城区北京站西街 19 号（邮政编码 100005）
网　　址：http://www.cepp.sgcc.com.cn
责任编辑：杨淑玲（010-63412602）
责任校对：黄　蓓　郝军燕
装帧设计：张俊霞
责任印制：杨晓东

印　　刷：北京天泽润科贸有限公司
版　　次：2025 年 3 月第一版
印　　次：2025 年 3 月北京第一次印刷
开　　本：710 毫米×1000 毫米　16 开本
印　　张：5.75
字　　数：86 千字
定　　价：28.00 元

本书编委会

组编单位 广东省电力建设定额站

参编单位 佛山市天诚工程咨询管理有限公司

主　　编 高晓彬　姜玉梁

副 主 编 赖启结　刘刚刚

参编人员 马大奎　侯　凯　王流火　杨治飞　吴　旻　周　妍
　　　　　　梅诗妍　胡晋岚　秦　燕　秦万祥　赵芳菲　孙　罡
　　　　　　于炳慧　陈　颖　黄超超　向士巍　邹秀明　滕　飞
　　　　　　邓翔鹏　欧阳晓浩

前　言

能源安全事关经济社会发展全局。近年来各电网企业均坚定不移贯彻落实能源安全新战略，保证电力供应，全力提升供电可靠性。当前，输变电工程建设面临着日趋严苛的建设环境和建设要求，工程建设过程经常会对已有供配电设施造成影响。为减少输变电工程建设对电力供应的影响，输变电工程建设引起的保供电愈发普遍。

当前关于保供电项目的建设管理缺乏系统全面的指导文件和参考资料，进而导致项目参建人员难以完整掌握输变电工程建设保供电专项的管理与计价相关知识，制约了相关项目实施的科学性和规范性提升。

本书编写团队基于多年项目管理经验，系统梳理了输变电工程保供电项目的建设管理知识，并聚焦一线人员项目管理难点，重点针对发电车（机）保供电项目的计价方法进行阐述。本书共分为 5 章，第 1 章简要叙述了输变电工程建设管理和造价管理现状，剖析了新形势下输变电工程建设环境面临的新要求；第 2 章阐述了输变电工程建设保供电的现状，包括保供电定义、相关技术规程规范、管理现状，以及相关法律法规对保供电工作提出的要求；第 3 章针对保供电项目管理进行阐述，包括项目目标和相关方的识别与确定，以及进度、技术、质量、安全、造价等方面的管理要点；第 4 章重点针对保供电计价依据不完善、计价争议多的发电车（机）保供电计价方法进行介绍，包括造价构成，作业费用和各类台班费用计算方法等，在此基础上提供了计价指引；第 5 章依托典型案例介绍了保供电项目计价的操作方法，以更直观的形式对本书提供的方法进行阐述。

本书紧密围绕项目管理的科学性和造价管理规范性，为相关从业人员提供有益启发和参考。限于时间和编者水平，难免存在不足之处，恳请广大读者批评指正，帮助我们持续改进和完善。

编者

2024 年 12 月

目　　录

第1章 输变电工程概述

1.1 输变电工程建设现状

1.1.1 输变电工程简介

输变电工程是指将发电厂发出的电能通过输电线路输送到变电站，再经过变电站变压、配电，最终送达用户终端的设施，包括输电线路、输电塔、变电站以及与之相关的技术设备等。狭义的输变电工程包括输电工程和变电工程两大类，广义的输变电工程包括配电工程等。

输电线路是输送电能的通道，它通过高压输电方式将发电厂产生的电能输送到变电站。输电线路通常由导线、绝缘子、支柱等组成，能够承受高压电能的传输，如图1-1所示。

图1-1 架空输电线路

变电站是输变电工程中的核心设施，它负责将输送的高压电能变换和分配，并将电能分配给各个用户终端。变电站通常包括变压器、开关设备、保护设备等，能够对电能进行变换和分配，如图1-2所示。

图1-2　变电站

配电系统是输变电工程中的最后一环，它负责将变电站分配的电能送达用户终端。配电系统通常包括开关设备、电能表、配电箱等设备，能够对电能进行分配和计量。图1-3所示为配电房。

图1-3　配电房

输变电工程建设是指根据实际需求和规划，通过设计、施工、安装等一系列工作，建设输变电设施并确保其正常运行的过程。输变电工程建设归属于工程建设的范畴。

1.1.2　输变电工程建设规模现状

近年来，我国电力工程建设取得了长足发展，尤其是 2014 年 6 月"四个革命、一个合作"能源安全新战略提出以来，我国能源发展的战略方向更加明确，统筹能源高质量发展和高水平安全有了根本遵循。目前，我国发电装机容量、新能源装机容量、输电线路长度、变电容量、发电量、用电量保持世界首位。近十年来，我国全社会用电量由 5.3 万亿 kW•h 增长到 9.8 万亿 kW•h，以用电量年均5.6%的增速有力支撑了年均超过 6%的经济增长。截至 2023 年年底，我国发电装机容量达到 29.2 亿 kW，水电、风电、太阳能发电等可再生能源总装机容量达到14.7 亿 kW，占发电总装机容量比重超过 50%，超过火电装机容量。截至 2024年 12 月底，全国累计发电装机容量约 33.5 亿 kW，同比增长 14.6%。其中，太阳能发电装机容量约 8.9 亿 kW，同比增长 45.2%；风电装机容量约 5.2 亿 kW，同比增长 18.0%。

作为关系国家能源安全和国民经济命脉的电网企业，近十年来深入贯彻落实能源安全新战略，坚定不移推进能源消费革命、能源供给革命、能源技术革命、能源体制革命，深化国际合作，更好支撑和服务中国式现代化。截至 2023年年底，全国电网 220kV 及以上输电线路长达 919 667km，同比增长 4.6%。全国电网 220kV 及以上公用变电设备容量为 542 400 万 kVA，同比增长 5.7%。2023年，全国跨区输电能力达到 18 815 万 kW，同比持平；全国完成跨区输送电量8497 亿 kW•h，同比增长 9.7%。

在电力投资方面，2023 年，全国主要电力企业合计完成投资 15 502 亿元，同比增长 24.7%。全国电源工程建设完成投资 10 225 亿元，同比增长 37.7%，占电力投资比重达 66.0%。其中，水电投资 1029 亿元，同比增长 18.0%（其中抽水蓄能投资同比增长 40%，占水电投资比重达 46.7%）；火电投资 1124 亿元，同比增长 25.6%；核电 1003 亿元，同比增长 27.7%；风电投资 2753 亿元，同比增长 36.9%；太阳能发电完成 4316 亿元，同比增长 50.7%。非化石能源发电投资同比增长 39.2%，占电源投资比重达到 89.2%，电源投资加速绿色低碳转型。

其中电网投资方面，2022 年全国电网工程建设完成投资 5006 亿元，比 2021年增长 1.8%。其中，直流工程投资 316 亿元，交流工程投资 4505 亿元。2023 年全国电网工程建设完成投资 5277 亿元，同比增长 5.4%。其中，直流工程投资 145亿元，同比下降 53.9%；交流工程投资 4987 亿元，同比增长 10.7%，占电网总投资的 94.5%。电网企业进一步加强农网巩固与提升配电网建设，110kV 及以下等级电网投资 2902 亿元，占电网工程投资总额的 55.0%。2023 年全国电网工程投资完成 5275 亿元，同比增长 5.4%。2024 年全国电网工程投资完成 6083 亿元，同比增长 15.3%。未来一段时间，在大型能源基地建设、新能源接入等背景下，输变电工程建设规模预计将继续保持高位态势。

1.1.3 输变电工程建设发展趋势

（1）我国电力消费仍呈现增长态势，相应地输变电工程建设需求将会持续强劲。

2024 年全社会用电量达到 98 521 亿 kW•h，同比增长 6.8%。自 2013 年以来，电力需求稳步增长，全社会用电量增加 3.88 万亿 kW•h，10 年平均增速约 5.6%。用电结构继续优化，第三产业用电量年均增速 10.3%，用电比重提高了 6.4 个百分点；居民生活用电年均增速 7.1%，用电比重提高约 2 个百分点。图 1-4 所示为2014—2024 年全社会用电量增长及同比增速。

（2）新型电力系统正加速构建，消纳新能源是建设输变电工程的重要目的之一。

作为新型能源体系的重要组成部分，清洁低碳、安全充裕、经济高效、供需协同、灵活智能的新型电力系统承载着新的历史使命。清洁低碳，就是要形成以清洁为主导、以电为中心的能源供给和消费体系，能源供给侧实现多元化、清洁化、低碳化，能源消费侧实现高效化、减量化、电气化；安全充裕，就是要支撑性电源和调节性资源占比合理，各级电网协调发展、结构坚强可靠，系统承载能力强、资源配置水平高、要素交互效果好；经济高效，就是要以科学供给满足合理能源电力需求，转型成本公平分担、及时传导，系统整体运行效率高；供需协同，就是要源网荷储多要素协调互动，多形态电网并存，多层次系统共营，多能源系统互联，实现高质量供需动态平衡；灵活智能，就是要融合应用新型数字化技术、先进信息通信技术、先进控制技术，实现能量流和信息流的深度融合，数字化、网络化、智能化特征显著。

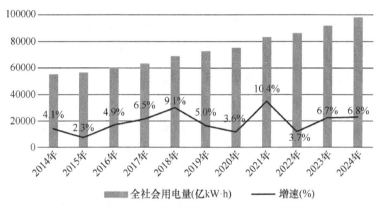

图 1-4 　2014—2024 年全社会用电量增长及同比增速

截至 2023 年年底，全国发电装机容量 29.2 亿 kW，其中非化石能源发电装机突破 15.7 亿 kW，同比增长 23.9%，占全国总装机 53.9%，历史性超过火电装机。尤其是新型储能爆发式增长，2023 年新增规模约 2260 万 kW，是 2022 年年末新型储能规模的 2.6 倍。新能源进入跨越式增长的新阶段使得新能源的消纳压力持续增大，需以保障新能源合理消纳利用为目标，确定调节能力需求，源网荷储四端统筹优化。预计到 2025 年，源网荷储各侧调节能力协调发展，可调用的最大调节能力提升约 3 亿 kW。这就要求在规划输变电工程时，更多考虑到新能源消纳的需求。

（3）绿色低碳、数字化成为输变电工程科技创新的重要着力点。

"双碳"目标下，我国电力行业降碳减污工作扎实推进。电力中长期绿色低碳发展助力践行"双碳"目标。从需求总量上看，我国经济发展长期向好，电力需求将持续保持刚性增长。预计 2030 年全国全社会用电量达到 13 万亿 kW·h

以上，绿氢、抽水蓄能和新型储能的用电需求将显著提高。从供应结构上看，推动能源供给体系清洁化、低碳化，持续加大非化石电力供给，推进大型风光电基地及其配套调节性电源规划建设，统筹优化抽水蓄能建设布局。预计 2030 年，全国非化石能源发电装机占比接近 70%，带动非化石能源消费比重达到 25%以上。从消费结构上看，深入实施可再生能源消费替代，全面推进终端能源消费电气化进程。预计 2030 年，全国电能占终端能源消费比重有望达到 35%。

2023 年，全国单位火电发电量二氧化碳排放约 821g/（kW·h），同比降低 0.4%，比 2005 年降低 21.7%；单位发电量二氧化碳排放约 540g/（kW·h），同比降低 0.2%，比 2005 年降低 37.1%。火电清洁高效灵活转型深入推进，2023 年，全国火电烟尘、二氧化硫、氮氧化物排放总量分别为 8.5 万 t、48.4 万 t 和 78.5 万 t，同比分别下降约 14.1%、上升约 1.7%、上升约 3.0%，全国 6000kW 及以上火电厂供电标准煤耗 301.6g/（kW·h）。2023 年，全国电网线损率为 4.54%，同比降低 0.3 个百分点。

除了提高新能源在能源消耗中的占比以及传统燃料的节能降碳之外，电力基础设施自身的绿色低碳也是科技创新的研究方向之一。当前，行业内已陆续开展了新型导线、低碳装配式变电站等相关研究，未来如何度量并降低输变电工程自身建设过程的碳排放水平将是从业人员面临的重要课题。

与此同时，数字电网建设已经是当前及未来输变电工程建设的主流。新型电力系统建设背景下，数字电网是其最佳载体，电力数字基础设施和数据资源体系基础不断夯实。2023 年，电力企业进一步深入实施国有企业数字化转型行动计划，完善体制机制、推进试点示范、探索对标评估、加强合作发展。电源领域特别是新能源发电依托数字化新技术，提升生产运营的数字化水平，实现对发电设施的远程监控和智能化管理，显著提升发电效率和经济效益；电网领域充分挖掘电力数据价值，以"电力＋算力"带动电力产业能级跃升，通过数字化转型促进数字技术渗透各环节，基于源网荷储协同发展，逐步构成"大电网＋微电网"的电网形态。2023 年，电力行业主要电力企业数字化投入为 396.46 亿元，电力数字化领域的专利数量、软件著作数量、获奖数分别为 5149 项、39 614 项、1450

项。物联网、云计算、大数据等新技术的发展和应用推动输变电工程向着数字化、智能化的方向发展。未来，智能变电站、智能输电线路的建设将成为输变电工程建设领域的主流。

1.2　输变电工程建设管理

1.2.1　工程建设项目管理内容

1. 美国项目管理协会的项目管理内容

根据美国项目管理协会的 PMBOK 对项目管理知识体系的梳理，项目管理一般包括五大过程，即项目的启动过程、计划过程、执行过程、监控过程、收尾过程，这五个过程贯穿项目的整个生命周期。

启动过程是项目管理的初始阶段，它涉及项目的识别和确定。在这个阶段，项目管理团队需要明确项目的背景、目标、范围，以及关键利益相关者的需求和期望。启动过程还包括确定项目经理和项目团队、分配资源，并编制项目章程，正式授权项目开始。

计划过程是项目管理中至关重要的一环，它决定了项目的实施方式和步骤。在规划过程中，项目管理团队需要制订详细的项目计划，包括时间管理计划、成本管理计划、质量管理计划等。

执行过程是项目管理中的实施阶段，它涉及项目计划的具体实施和任务的完成。在这个阶段，项目团队成员根据项目计划开展各项工作，确保项目的顺利进行。

监控过程是项目管理中的控制阶段，它关注项目的进展和绩效，确保项目按计划进行。在监控过程中，项目管理团队需要收集和分析项目数据，评估项目的进度、成本和质量等方面的绩效。如果发现偏差或问题，需要及时采取纠正措施，以确保项目能够按时、按预算、按质量完成。

收尾过程是项目管理的最后阶段，它涉及项目的总结和归档工作。在收尾过程中，项目管理团队需要整理项目文档和资料，进行项目绩效评估，总结项目经验和教训。

此外，PMBOK 还将 5 大管理过程涉及的知识分解为 10 大知识领域，即项目整合管理、项目范围管理、项目时间管理、项目成本管理、项目质量管理、项目人力资源管理、项目沟通管理、项目风险管理、项目采购管理、项目相关方管理。

项目整合管理：是为了确保项目的多个部分协同工作，包括制定项目章程、管理计划和执行综合变更控制等过程。

项目范围管理：明确并控制项目的工作内容，保证所有必要的工作得到完成而没有多余工作，涉及规划范围、收集需求、定义范围等活动。

项目时间管理：包括规划进度管理、定义活动、排列活动顺序、估算活动持续时间以及制订进度计划等，旨在确保项目按时完成。

项目成本管理：涉及规划成本管理、估算成本、制定预算以及控制成本等，目的是确保项目在批准的预算内完成。

项目质量管理：确保项目满足相关的质量标准，通过规划质量管理、管理质量以及控制质量来实现。

项目人力资源管理：关注项目团队的管理，包括规划资源管理、组建团队、发展团队以及管理团队等，目的是利用人力资源实现项目目标。

项目沟通管理：确保及时有效地生成、收集、发布、存储、检索和最终处置项目信息，包括规划沟通管理、管理沟通和监督沟通等过程。

项目风险管理：涉及规划风险管理、识别风险、实施风险分析、规划风险应对以及监控风险等，目标是提高项目成功的可能性。

项目采购管理：处理从项目团队外部购买或获取产品、服务或结果的过程，包括规划采购、实施采购以及控制采购等。

项目相关方管理：包括项目相关方和干系人的识别，规划并管理项目相关方和干系人在项目中的参与情况。

2. 我国建设工程项目管理相关内容

（1）项目管理过程。

《建设工程项目管理规范》（GB/T 50326—2017）提出项目管理流程应包

括启动、策划、实施、监控和收尾过程，各个过程之间相对独立，又相互联系。

启动过程应明确概念，初步确定项目范围，识别影响项目最终结果的内外部相关方。

策划过程应明确项目范围，协调项目相关方期望，优化项目目标，为实现项目目标进行项目管理规划和项目管理配套策划。

实施过程应按项目管理策划要求组织人员和资源，实施具体措施，完成项目管理策划中确定的工作。

监控过程应对照项目管理策划，监督项目活动和分析项目进展情况，识别必要的变更需求并实施变更。

收尾过程应完成全部过程或阶段的所有活动，正式结束项目或阶段。

（2）项目管理内容。

项目管理策划涉及项目管理规划大纲、项目管理实施规划和项目管理配套策划等方面，指导项目从筹备到实施的全过程规划。从工作内容的角度，项目管理可以分为以下几种：

采购与投标管理：包含采购管理和投标管理的规定，指导项目在物资和服务采购及投标过程中的操作。

合同管理：涵盖合同评审、合同订立、合同实施计划、合同实施控制和合同管理总结等方面，规范合同的整个生命周期管理。

设计与技术管理：包括设计管理和技术管理的一般规定，确保项目设计和技术的合理性和先进性。

进度管理：涉及进度计划、进度控制和进度变更管理，确保项目按时完成。

质量管理：包括质量计划、质量控制、质量检查与处置、质量改进等内容，旨在提升项目的质量水平。

成本管理：涵盖成本计划、成本控制、成本核算、成本分析和成本考核，有效控制项目成本，提高经济效益。

安全生产管理：包括安全生产管理计划、实施与检查，强调安全在项目管理中的优先地位。

资源管理：包括人力资源管理、劳务管理、工程材料与设备管理、施工机具与设施管理和资金管理，优化资源配置，保障项目顺利实施。

信息与知识管理：涵盖信息管理计划、信息过程管理、信息安全管理、文件与档案管理、信息技术应用管理和知识管理，提升项目管理信息化水平。

沟通管理：包括相关方需求识别与评估、沟通管理计划、沟通程序与方式、组织协调和冲突管理，确保项目信息的准确传递和有效沟通。

风险管理：涉及风险管理计划、风险识别、风险评估、风险应对和风险监控，降低项目实施过程中的不确定性和潜在损失。

收尾管理：包括竣工验收、竣工结算、竣工决算、保修期管理和项目管理总结，规范项目收尾阶段的各项工作。

管理绩效评价：涵盖管理绩效评价过程、范围、内容和指标，以及评价方法，通过绩效评价推动项目管理水平的不断提升。

3. 输变电工程建设管理内容

对于输变电工程而言，其建设管理一般由电网企业主导实施，相应地管理内容也根据电网企业发展目标、内设部门职责划分等进行了统筹和归纳。

从建设阶段划分的维度，通过对国内输变电工程进行归纳梳理可知，输变电工程建设管理一般以项目建设进度管理为主线，将项目建设的阶段切分为可行性研究阶段、设计阶段（一般分初步设计、施工图设计）、招投标阶段、实施阶段、竣工验收阶段等。

从项目管理专业内容的维度，在各个建设管理阶段中，电网企业相关部门通过计划、组织、控制与协调开展进度管理、技术管理、安全管理、质量管理、造价管理等各专业的管理工作。

从职责分工的维度，电网企业将工程建设项目管理的职责分解并授权规划、基建、供应链、生产、调度、财务、档案等相关部门实施。

（1）规划管理部门负责输变电工程可行性研究批复、办理项目核准等工作，制订年度投资计划、前期计划等，并参与项目总结。

（2）基建管理部门是输变电工程建设归口管理部门，负责技术管理、工程项目安全管理、质量管理、进度管理、造价管理、采购管理及过程验收、启动投产、专项验收和竣工验收管理，建设全过程环境保护管理。

（3）供应链管理部门负责工程项目物资的采购、供货和品控管理，包括物资供货里程碑进度管控、参与物资现场交接、与项目进度计划匹配的物资费用计划及实施、督促供应商做好工程项目现场服务、配合开展项目结算工作等。

（4）生产管理部门负责制定设备技术规范、工程交接验收，参与设计审查及设备技术规范书审查，参加投产试运，督促运行单位做好生产准备工作，配合做好统一建设技改项目实施管理，配合开展工程质量回访工作。

（5）调度机构负责工程项目并网运行管理，安排项目建设停电计划。参与工程项目设计审查及部分调度相关设备技术规范书审查，参加验收及启动投产；配合开展质量回访工作。

（6）财务管理部门负责下达年度基建投资计划及预算。负责工程项目全过程的财务管理，包括项目预算管理、资金管理、竣工决算等工作。

（7）档案管理部门是工程项目档案管理的业务归口部门，负责基建工程项目档案管理的监督检查指导，组织本单位重大基建项目档案的验收，接收和保管符合公司档案管理要求的相关档案。

1.2.2　输变电工程建设管理的组织模式

常见的工程项目管理模式一般有以下几种：

（1）传统模式：也称为设计－招标－建造（DBB）模式，该模式下设计、招标和建造过程是按顺序独立执行的，通常由不同的实体负责每个阶段。

（2）设计－建造模式：承包商负责项目的设计及建造阶段，客户只与一个实体进行协调，这有助于减少沟通环节，加快项目进度。

（3）交钥匙模式：承包商承担从设计到建造直至试运行的全过程，客户在项目完成后接收一个可以直接运行的工程。

（4）项目管理承包模式：专业的项目管理公司受雇于业主，代表业主对工程设计、采购、施工和试运行等阶段进行管理。

（5）BOT 模式：即建设－运营－移交模式，私营部门融资、建设、运营项目，并在约定的运营期限后移交给政府或公共部门。

当前国内输变电工程建设管理由电网企业主导实施，绝大部分均采用的是传统的设计－招标－建造模式。国内电网企业当前主要实行职能管理和项目管理相结合的管理组织形式，即在总部、省级、地市级单位配置分工明确、职责界面清晰的专业部门，包括前期工作、基建管理、采购管理、财务管理等。而具体负责输变电工程建设实施的是建设单位或业主项目部等项目管理机构。职能管理的定位是发挥统筹工程建设资源、优化建设管理模式、统一建设标准、规范基建各方主体行为的作用，防控工程管理风险。项目管理的定位是贯彻落实职能管理的要求，执行相关工作标准和技术标准，通过负责办理、组织协同、服务指导、监督考核等方式履行业主职责，规范工程参建各方行为，提高工程建设效率，防控工程建设风险，确保工程项目全过程依法合规建设和安全、质量、进度、造价目标实现。

1.3　输变电工程造价管理

1.3.1　计价方法

工程计价是指按照法律法规及标准规范规定的程序、方法和依据，对工程项目实施建设各个阶段的工程造价及其构成内容进行预测和估算的行为。工程计价结果是工程的货币价值、投资控制的依据、合同价款管理的基础。

对于架空输电线路工程而言，计价方法是要在电力行业各项规程规范的基础上，依照企业管理规定对工程各阶段的造价进行科学精准测算。

1. 工程计价的方法

（1）类比匡算法。

当工程项目还没有具体图样和设计方案时，利用建设规模、产出函数对工程投资进行类比匡算。投资的匡算常常基于某个表明设计能力或者形体尺寸的变量，比如建筑面积、道路长度、生产能力等。由于建设规模对造价的影响并非总呈线性关系，因此要选择合适的产出函数，寻找与规模和经济有关的数据。例如生产能力指数法就是利用生产能力和投资额之间的关系函数进行投资估算的方法。

对于架空输电线路工程而言，往往在工程规划或初步可行性研究阶段应用类比匡算法，常用的规模参数包括电压等级、回路数量、线路长度等。

（2）分部组合计价法。

当工程项目已有设计方案和图纸，则适宜采用分部组合计价法，其原理是项目的分解和价格的组合。

项目的分解就是将建设项目逐层分解为单项工程、单位工程、分部工程、分项工程。根据计价需要和计价依据的规定，将分项工程进一步分解或适当组合就可以得到基本构造单元。

价格的组合就是先将最基本的构造单元（假定的建筑安装产品），采用适当的计量单位计算其工程量，套用适用的工程单价，得到各基本构造单元的价格；再对费用按照类别进行组合汇总，计算相应工程造价。计价公式如下：

$$分部分项工程费 = \sum（基本构造单元工程量 \times 相应单价）$$

分部组合计价法的核心可分为工程计量和工程组价两个环节。工程计量包括工程项目的划分和工程量的计算。工程组价包括工程单价的确定和总价的计算。工程单价包括工料单价和综合单价。工程总价的计算则分为单价法和实物量法，这些将在后文详述。

对于架空输电线路工程而言，大部分情形下均采用分部组合计价法进行工程各阶段造价计算。计价过程中工程单价的确定及总价的计算执行相应的计价依据。

2. 工程计价的依据

工程计价依据是指在工程计价活动中，所要依据的与计价内容、计价方法和价格标准相关的工程计量计价标准、工程计价定额及工程造价信息等。工程计价依据一般包括工程造价管理标准体系、工程计价定额体系和工程计价信息体系。

（1）工程造价管理标准体系。

13

工程造价管理标准体系包括统一的工程造价管理基本术语、费用构成等基础标准；工程造价管理行为规范、项目划分和工程量计算规则等规范；工程造价咨询质量标准等。

对于输变电工程而言，国家能源局颁布的《电网工程建设预算编制与计算规定》、各个电网企业发布的造价管理规定，以及其他造价管理文件都属于工程造价管理标准体系的范畴。

（2）工程计价定额体系。

工程计价定额包括工程消耗量定额和工程计价定额等。工程消耗量定额是指完成规定计量单位合格建筑安装产品所消耗的人工、材料、施工机具台班的数量标准；工程计价定额是指直接用于工程计价的定额或指标，包括预算定额、概算定额、概算指标和投资估算指标。

对于架空输电线路工程而言，最主要的计价定额体系就是国家能源局发布的《电力建设工程预算定额 第四册 架空输电线路工程》，当前的最新版本是 2018 年版。

（3）工程计价信息体系。

工程计价信息是指工程造价管理机构发布的建设工程人工、材料、施工机具的价格信息。

对于架空输电线路工程而言，工程计价信息包括电力定额总站定期发布的定额价格水平调整的文件，包括定额人工调整系数和定额材机调整系数。此外，各电网企业定额站发布的设备材料信息价，以及各地方定额站发布的地方性材料信息价也属于工程计价信息体系的范畴。

1.3.2　计价模式

1．定额计价模式

（1）定额计价模式概述。

定额计价法是采用经国家有关主管部门（如国家能源局）批准颁布的定额对工程进行分部组合计价的方法。定额是在合理的劳动组织和合理地使用材料与机械的条件下，完成一定计量单位合格建筑产品所消耗资源的数量标准。工程定额是一个综合概念，是建设工程造价计价和管理中各类定额的总称，包括许多种类的定额，可以按照不同的原则和方法对它进行分类。基于编制程序和用途的定额分类见表 1-1。

表 1-1　　　　　　　　　　　基于编制程序和用途的定额分类

分类的维度	施工定额	预算定额	概算定额	估算指标
对象	工序	分项工程	扩大的分项工程	独立的单项工程或完成的工程项目
用途	编制施工预算	编制施工图预算	编制初步设计概算或可研估算	编制可研估算或初步可行性研究匡算
项目划分颗粒度	最细	细	较粗	很粗
价格水平	平均先进	平均	平均	平均
性质	生产性定额	计价性定额	计价性定额	计价性定额

基于编制主体和管理权限的定额分类见表 1-2。

表 1-2　　　　　　　　　　基于编制主体和管理权限的定额分类

定额分类	含义
全国统一定额	国家工程建设主管部门综合全国工程建设中技术和施工组织管理的情况编制，并在全国范围内执行的定额
行业统一定额	根据各行业专业工程技术特点，以及施工生产和管理水平所编制的定额。一般是只在本行业和相同专业性质的范围内使用
地区统一定额	包括省、自治区、直辖市定额，根据地区性特点和全国统一定额水平做适当调整和补充所编制的定额
企业定额	根据本企业的施工技术、机械装备和管理水平编制的人工、材料、机具台班等的消耗标准。企业定额在企业内部使用，是企业综合素质的标志。企业定额水平一般应高于国家现行定额，才能满足生产技术发展、企业管理和市场竞争的需要
补充定额	指随着设计、施工技术的发展，现行定额不能满足需要的情况下，为了补充缺陷所编制的定额。补充定额只能在指定的范围内使用，可以作为以后修订定额的基础

输变电工程现行的定额为国家能源局 2019 年颁布的《电力建设工程定额和费用计算规定》（2018 年版，以下简称"2018 年版电力定额"），包括了《电网工程建设预算编制与计算规定》《电力建设工程概算定额（建筑工程、热力设备安

装工程、电气设备安装工程、调试工程）》《电力建设工程预算定额（建筑工程、热力设备安装工程、电气设备安装工程、架空输电线路工程、电缆输电线路工程、调试工程、通信工程、加工配制品）》。本套定额的编制是为了适应电力发展新形势，进一步统一和规范电力建设工程的计价行为，合理确定和有效控制电力建设工程造价。2018 年版电力定额涵盖了电力建设工程的各个方面，从建筑到调试工程都有详细的规定，具有全面性的特点；它由专业的机构进行修编，确保了定额的专业性和权威性；定额的制定充分考虑到实际工程的需要，具有很强的操作性和指导性。

　　具体某项定额的价格水平直接体现为定额直接费，由完成一定计量单位合格建筑产品所需要的人工费、计价材料费和施工机械使用费组成。典型的架空输电线路预算定额如图 1-5 所示。

钢筋加工及制作

工作内容：准备，截割，焊接，制弯，整理，捆扎，清理现场。

定额编号			YX3-43	YX3-44
项　　目			钢筋	钢筋笼
单　　位			t	t
基价/元			531.26	622.56
其中	人工费/元 材料费/元 机械费/元		379.79 8.83 142.64	455.88 9.72 156.96
名　　称		单位	数　　量	
人工	输电普通工 输电技术工	工日 工日	1.1463 2.6745	1.3759 3.2104
计价材料	电焊条 J422 综合	kg	1.7460	1.9210
	其他材料费	元	0.1700	0.1900
机械	数控钢筋调直切断机 直径 φ1.8~3	台班	0.0741	0.0834
	钢筋弯曲机 直径 φ40	台班	0.4144	0.4548
	汽油电焊机 电流 160A以内	台班	0.3924	0.4307
	内切割机	台班	0.4608	0.5058

注：未计价材料钢筋。

图 1-5　架空输电线路预算定额示意图

　　目前在架空输电线路工程中，定额计价法应用范围较广，可应用于包括投资估算、初步设计概算、施工图预算、招标限价、投标报价、竣工结算等各阶段造价文件。

（2）定额计价的程序和结果形式。

定额计价法的基本思路是以定额为计价依据，按定额规定的分部分项子目，逐项计算工程量，套用定额单价确定直接工程费，然后按规定取费标准确定构成工程造价的措施费、间接费、利润、税金等。如果工程建设涉及设备，还应当按照计费程序计取设备购置费。在本体费用计算完成后，根据其他费用计算规定得到其他费用，进一步汇总即可得到工程建设静态投资。计取建设期贷款利息后即可得到工程建设的动态投资。定额计价的通用程序如图 1-6 所示。

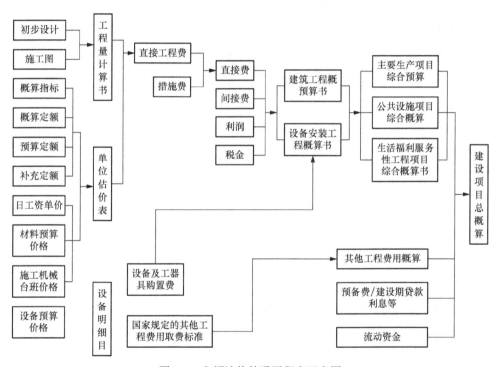

图 1-6　定额计价的通用程序示意图

下面将结合《电网工程建设预算编制与计算规定》（2018 年版）中的表格形式规定，以架空输电线路工程为例，对定额计价步骤进行展示。

1）按照基础工程、杆塔工程、接地工程、架线工程、附件安装工程、辅助工程的顺序，根据图纸或设备材料清册计算定额工程量，套用相应定额后得到定额直接费、装置性材料费等，汇总求和得到直接工程费，计列在《架空输电线路单位工程预（概、估）算表》（表 1-3）中。

2）以直接工程费为基数，根据《电网工程建设预算编制与计算规定》规定的费率，分别计算措施费、规费、企业管理费、施工企业配合调试费、利润、税金等，汇总求得本体工程对应的安装费，在《架空输电线路安装工程汇总预（概、估）算表》（表 1-4）中展现。

3）如果工程涉及辅助设施工程，则在《输电线路辅助设施工程预（概、估）算表》（表 1-5）中汇总计列。

4）分别计算主材、定额的价差，汇总得到编制基准期价差。

5）根据前述费用计算结果，根据《电网工程建设预算编制与计算规定》规定的费率分别计算建设场地征用及清理费、项目建设管理费、项目建设技术服务费、生产准备费等费用，计列在《其他费用预（概、估）算表》（表 1-6）中。

6）对前述费用进行汇总，并计算基本预备费、建设期贷款利息，进而汇总得到静态投资、动态投资，即可完成定额计价模式下的造价计算。

2. 工程量清单计价模式

（1）清单计价模式概述。

工程量清单计价是一种以市场定价为核心思想的计价方法，也是目前国际上通行的计价方法，尤其是在工程施工招投标环节得到了广泛应用。

基于工程量清单的造价一般由分部分项工程费、措施项目费、其他项目费、规费和税金等组成。其基本原理是按照工程量计价规范，在规范规定的工程量清单项目设置和工程量计算规则基础上，由建设单位或建设单位委托的招标代理机构提供的工程量清单，根据规定的方法计算出综合单价，并汇总分部分项工程费、措施项目费、其他项目费、规费和税金，最终计算出工程施工总造价。其中，综合单价是指完成一个规定清单项目所需的人工费、材料和工程设备费、施工机具使用费和企业管理费、利润以及一定范围内的风险费用。风险费用是隐含于已标价工程量清单综合单价中，用于化解发承包双方在工程合同中约定内容和范围内的市场价格波动风险的费用。

表 1-3　架空输电线路单位工程预（概、估）算表

（单位：元）

序号	编制依据	项目名称及规格	单位	数量	单价				合价			
					装置性材料/设备	安装费			装置性材料/设备	安装费		
						合计	其中：人工费	其中：机械费		合计	其中：人工费	其中：机械费

表 1-4　架空输电线路安装工程汇总预（概、估）算表

（单位：元）

序号	工程或费用名称	取费基数	费率（%）	基础工程	杆塔工程	接地工程	架线工程	附件工程	辅助工程	合计	各项占总计（%）	单位投资/（元/km）

表 1-5　　　　　　　　　　　输电线路辅助设施工程预（概、估）算表

（单位：元）

序号	工程或费用名称	编制依据及计算说明	总价
	合计		
1	巡线、检修站工程		
1.1	办公室、汽车库及仓库		
1.2	巡检修站征地		
1.3	室外工程		
2	巡线、检修道路工程		
3	生产维护通信设备		
4	生产作业工具		

表 1-6　　　　　　　　　　　其他费用预（概、估）算表

（单位：元）

序号	工程或费用项目名称	编制依据及计算说明	合价
	合计		

　　工程量清单计价活动涵盖施工招标、合同管理以及竣工交付全过程，主要包括编制招标工程量清单、招标控制价、投标报价，确定合同价，进行工程计量与价款支付、合同价款的调整、工程结算和工程计价纠纷处理等活动。工程量清单的应用范围如图 1-7 所示。

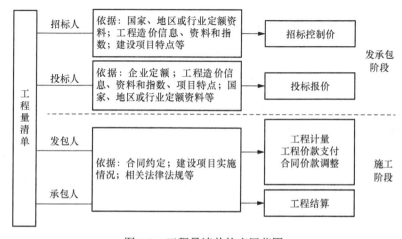

图 1-7　工程量清单的应用范围

（2）清单计价的方法。

清单计价的公式为"工程量×综合单价=总价"，其中：招标工程量清单的确定是在招标文件的基础上，按照施工组织设计、施工规范、验收规范等要求，执行工程量清单计价与计算规范，逐步确定项目名称、项目特征、工程量计算等内容，并最终得到招标工程量清单。工程量清单编制流程如图1-8所示。

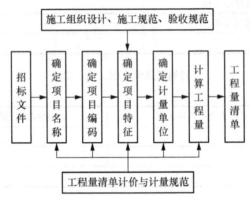

图1-8　工程量清单编制流程

综合单价的确定是在统一的工程量清单项目设置的基础上，执行统一的工程量清单计量规则，再根据各种渠道所获得的工程造价信息和经验数据计算得到工程造价，按照综合单价包含内容进行计算。

招标工程量清单和综合单价确定后，清单计价的流程为：

1）分部分项工程费=∑（分部分项工程量×综合单价）。

2）措施项目费=∑（专业措施项目费＋总价措施项目费）。

3）其他项目费=暂列金额（按招标文件要求填写，不一定发生）＋暂估价（按招标文件要求填写，一定发生）＋计日工＋总承包服务费。

4）规费税金=规费＋税金。

5）单位工程造价=分部分项工程费＋措施项目费＋其他项目费＋规费税金。

6）单项工程报价=∑单位工程报价。

7）建设项目总报价=∑单项工程报价。

1.3.3 造价管理的理念和目标

1. 造价管理的理念

当前输变电工程造价管理的主流管理理念是全面造价管理的理念，即有效地利用专业知识与技术，对资源、成本、盈利和风险进行筹划和控制，包括全生命周期造价管理、全过程造价管理、全要素造价管理和全方位造价管理。

全生命周期造价管理：是指造价管理时统筹考虑工程初始建造成本和建成后的日常使用成本之和，包括建设前期、建设期、使用期及拆除期各个阶段的成本。

由于在实际管理过程中，在工程建设及使用的不同阶段，工程造价存在诸多不确定性，因此，全生命周期造价管理至今只能作为一种实现建设工程全生命周期造价最小化的指导思想，指导建设工程的投资决策及设计方案的选择。

全过程造价管理：是指覆盖建设工程策划决策及建设实施各个阶段的造价管理，包括前期决策阶段的项目策划、投资估算、项目经济评价、项目融资方案分析，设计阶段的限额设计、方案比选、概预算编制，招标投标阶段的标段划分、承包发包模式及合同形式的选择，施工阶段的工程计量与结算、工程变更控制、索赔管理；竣工验收阶段的竣工结算与决算等。

全要素造价管理：是指全面考虑影响工程造价的诸多因素，即除了工程本身的建造成本外，还应同时考虑工期成本、质量成本、安全与环境成本的控制，从而实现工程成本、工期、质量、安全、环境的集成管理。全要素造价管理的核心是按照优先性的原则，协调和平衡工期、质量、安全、环保与成本之间的对立统一关系。

全方位造价管理：是针对参与方的一种管理理念，在该理念下工程造价管理不仅仅是业主或承包单位的任务，而应该是建设主管部门、行业协会、业主、设计方、承包方以及有关咨询机构的共同任务。尽管各方的地位、利益、角度等有所不同，但必须建立完善的协同工作机制，才能实现建设工程造价的有效控制。

2. 造价管理的目标

对于输变电工程而言，造价管理的主要目标是通过规范的计价行为、结合科学的计价依据进而合理确定工程造价，以及基于全面造价管理理念的造价有效控制，从而确保电网投资效益。

在具体实施中，电网企业往往以资产全生命周期综合效益最大化为目标，遵循依法合规、科学合理和有效控制的原则，合理确定工程造价水平，以分阶段静态控制和全过程动态管理实现各阶段工程造价的有效控制。对于具体工程而言，造价管理的原则是初步设计概算不超可行性研究估算，施工图预算不超初步设计概算，工程结算不超施工图预算。特殊原因引起投资超过可行性研究估算10%，应履行相应的审批手续。

3. 造价管理的内容

输变电工程造价的合理确定方面，就是要在建设程序的各个阶段，合理地确定投资估算、初设概算、施工图预算、合同价、竣工结算价等。

（1）在项目可行性研究阶段，按照有关规定编制的投资估算，经有关部门批准，作为该项目的控制造价。

（2）在初步设计阶段，按照有关规定编制的初步设计总概算，经有关部门批准，即作为拟建项目工程造价的最高限额。

（3）在施工图设计阶段，按规定编制施工图预算，用以核实施工图阶段预算造价是否超过批准的初步设计概算。

（4）对以施工图预算为基础实施招标的工程，承包合同价也是以经济合同形式确定的建筑安装工程造价。

（5）在工程实施阶段要按照承包方实际完成的工程量，以合同价为基础，同时考虑因物价变动所引起的造价变更，以及设计中难以预计的而在实施阶段实际发生的工程和费用，合理确定结算价。

工程造价的有效控制方面，就是在深入开展建设方案优化的基础上，在建设程序的各个阶段，应用管理制度和管控工具将工程造价控制在合理的范围和审定的限额以内。具体说，就是要用投资估算引导设计方案的优化，并作为初步设计概算的控制目标；用初设概算造价引导技术设计的优化，并作为施工图预算的控制目标，进而确保工程设计合理、投资经济。

1.4　新形势下输变电工程建设环境面临的新要求

（1）能源安全新战略要求电网企业坚决保障电力安全可靠供应，输变电工程建设也要尽量减少对电力供应的影响，输变电工程建设引起的保供电愈发普遍。

能源保障和安全事关国计民生，是须臾不可忽视的"国之大者"。确保能源安全是推动我国电力事业高质量发展的重中之重，保障电力可靠供应始终是电网企业的使命所在、价值所在。保障电力供应是经济问题，也是关系国家能源安全、经济社会发展和民生福祉的社会问题、政治问题。全力以赴保安全、保供电、保民生是新时代对电网企业提出的明确要求。电网企业需强化本质供电可靠，持续强化供电可靠性，最大程度减少客户停电时间，积极建设现代供电服务体系，全力保障电力安全稳定运行，做好能源电力保供工作，持续以安全、可靠、优质电力供应护航经济社会发展。

当前暴雨、台风等极端气象灾害频发，同时经济社会的发展使得保民生、保经济、保重要会议等供电任务艰巨。而与此同时，我国电力基础设施已高速发展多年，不可避免地要对旧有电力设施进行迁移、维修、更换等。此外输变电工程建设有时还会引起站址或线路走廊上的低压线路发生迁改。这些工程的开展将不可避免地对区域供电产生影响。

为确保电力安全可靠供应，电网企业在开展输变电工程建设时，需要适时采取保供电措施对片区电力供应进行保障。

（2）以人民为中心的发展理念要求电网企业注重社会与环境的友好，尽量减少工程建设对人民群众生产生活的干扰，因此输变电工程建设过程的交通疏解等民生工作愈发普遍。

当前在输变电建设过程中，尤其是靠近城镇区域的输变电工程建设受限于站址及线路走廊的政策及技术要求，导致符合电网建设要求的国土空间资源越来越紧张。一般而言，站址选择应符合国土规划要求，不得占用基本农田、生态红线、森林公园、水源保护区、矿产资源开发区等。同时应避开各类严重污染源，与飞机场、导航台、卫星地面站、军事设施、通信设施以及易燃易爆设施等。而架空线路工程的线路路径要考虑沿线各类建构筑物的电气安全距离、拆迁青赔成本等因素。因此，可供选择的线路路径及变电站站址越来越有限，越来越多的工程不得不采取占道施工等方式进行开展。

另外，城镇工程建设环境越来越复杂，在工程建设的同时需尽可能减少对城市居民工作生活的干扰。在此背景下，交通疏解是城市输变电工程建设重要内容之一。

图 1-9 所示为位于闹市区的输变电工程。

图 1-9　位于闹市区的输变电工程

（3）管理方面，输变电工程建设的全面依法合规、工程投资的科学合理正受到越来越高的重视，规范开展工程计价是工程建设的必然要求。

规范化开展输变电工程，尤其是管理流程的规范性和计价行为的规范性在输变电工程建设管理中正受到越来越高的重视，然而输变电工程建设引起的保供电、交通疏解尚无统一的计价依据。

当前输变电工程投资建设的计价依据主要为国家能源局发布的《电网工程建设预算编制与计算规定》（2018 年版）；涉及拆除、改造等工作，则主要应用相应的电网技改、检修定额。相关定额均不能较好适配保供电等费用标准。需要开展相关计价依据的研究以支撑工程建设的规范性。

第2章　输变电工程建设保供电概述

2.1　工程建设保供电介绍

1. 保供电的定义

保供电，是指采取一系列措施和方法，确保电力系统的稳定运行和可靠供电。保供电工作的目标是确保重大活动期间电力系统安全稳定运行，确保重要保供电场所安全可靠供电，杜绝造成严重社会影响的停电事件发生。

广义上讲，保供电工作包括确保电力系统稳定运行、保证供电可靠性的组织策划管理、电网安全管理、设备运维管理、客户服务管理、基建安全管理、网络安全管理、安保维稳综合管理、新闻宣传及舆情管控、突发事件处置等一系列的工作，涉及电网供配电设备设施检查巡视、检修、更换、紧急抢修等。

对于输变电工程建设项目而言，保供电需要解决的问题是如何在用电客户不停电或少停电（停电次数少、停电范围小、停电时间短）的目标下开展必要的电力施工、检修等工作，即主要关注在电力基础设施施工过程中，如何确保电力系统的稳定运行，以满足施工过程中的电力可靠性需求。保供电根据实施方式可以分为带电作业、移动电源作业和架设临时转供电线路等。

（1）带电作业。

带电作业是直接在带电的线路及设备上进行施工。目前，带电作业方法主要分为绝缘杆作业法、绝缘平台法、绝缘斗臂车法等。

绝缘杆作业法指作业人员在地面或者登杆至适当位置，系上安全带，与带电体保持足够的安全距离，并穿戴全套绝缘防护用具，包括绝缘手套、绝缘靴以及绝缘工具。这种方法可以在登杆作业、斗臂车的工作斗或其他绝缘平台上采用。绝缘杆在作业中充当主要的绝缘措施，而绝缘防护用具则提供辅助绝缘，通过端部装配有不同工具附件的绝缘杆进行作业。这种作业方法不受地形条件限制，但是效率较低，如图 2-1 所示。

图 2-1　绝缘杆作业方法

绝缘平台法通常采用绝缘人字梯、独脚梯等，在绝缘平台上，作业人员通过绝缘杆间接接触带电体或者通过绝缘手套直接接触带电体进行作业。它和绝缘杆作业法一样，不受地形条件限制，在绝缘斗臂车不能到达的位置也可以进行作业，劳动强度大。

采用绝缘斗臂车进行带电作业，具有升空便利、机动性强、作业范围大、机械强度高、电气绝缘性能高等优点。绝缘斗臂车法劳动强度低，作业效率高，能完成细致复杂的检修工作，是目前配电网带电作业采用的主要作业方式，如图 2-2 所示。但是它受地形条件限制较大。

（2）移动电源作业。

无法直接采用带电作业来实现的项目，可以采用移动电源对因设备检修引起停电的客户连续供电，把需检修的设备从电网中分离出来，停电处理后，恢复到检修前运行状态。目前常用的移动发电车有柴油发电车、EPS 应急电源装置、负荷转移车。利用移动发电车进行不停电作业，要对用户短暂的停电后通过移动电源继续供电。移动发电车广泛地应用于各种电力突发事件，提高供电可靠率。图 2-3 所示为柴油发电机与应急电源车。

图 2-2　绝缘斗臂车作业方法

（a）

（b）

图 2-3　柴油发电机与应急发电车

（a）柴油发电机；（b）应急发电车

（3）架设临时转供电线路。

临时转供电线路是先引入旁路输配电线路对工作区域内的负荷进行临时供电，再将工作区域内的线路停电后进行施工或检修，施工或检修期间可以保证对用户的不间断供电，实现不停电检修。

在保供电相关的项目管理和计价方法研究中，带电作业、临时转供电线路等两类项目的相关文献较多，关于移动电源作业项目管理及计价方法的文献较少，而移动电源作业尤其是发电机（车）保供电在电网企业日常业务中越来越普遍，因此本书中着重对发电机（车）保供电的项目管理和计价方法进行阐述。

2. 保供电的管理现状

（1）保供电管理的技术规程规范。

保供电的规程规范涵盖了多个方面，旨在确保电力供应的安全、稳定与可靠。这些规程不仅关注电力设施的建设、维护与运行，还涉及供电组织、调度以及应急处理等多个环节。

在国家标准层面，当前我国已经发布了《配电线路带电作业技术导则》（GB/T 18857—2019）、《带电作业用屏蔽服装》（GB/T 6568—2024）、《带电作业工具设备术语》（GB/T 14286—2021）、《10kV 带电作业用绝缘斗臂车》（GB/T 37556—2019）等多项国家标准。

在行业标准层面，《20kV 配电线路带电作业技术规范》（DL/T 2617—2023）、《500kV 交流紧凑型输电线路带电作业技术导则》（DL/T 400—2019）、《带电作业用工具库房》（DL/T 974—2018）也已陆续发布。

在地方标准层面，广东省市场监督管理局发布了《重要保供电场所用电设施技术标准》（DB44/T 2355—2022），对重要保供电场所分类及负荷分级进行了明确，对系统主接线、供电电源、应急电源、终端负荷接入方式等提出了要求。

在团体标准层面，中国电工技术学会发布的《电力企业配网不停电作业能力建设评价导则》（T/CES 075—2021），为区域供电企业提供了配电网不停电作业能力建设评价的方法与指标依据。通过对配电网不停电作业发展需求和现实情况的分析，对领导力、发展规划、基本架构、现场安全、人员要求、装备要求、技术要求、作业环境和评价与激励等多种要素进行综合评价，帮助区域供电企业清晰地了解自身现状，促进配电网不停电作业能力提升，从而达到提高区域供电可靠性、优化营商环境的目的。

（2）输变电工程保供电的管理现状。

保障电力可靠供应、服务经济社会发展是电网企业的职责和使命。电力供应事关经济发展全局和社会稳定大局，是关系民生的大事。现阶段我国工业化、城镇化深入推进，电力需求持续增长，保障电力供应是电力管理工作的重中之重。《国家能源局关于加强电力可靠性管理工作的意见》（国能发安全规〔2023〕17号）要求电网企业优化安排电网运行方式，做好电力供需分析和生产运行调度，强化电网安全风险管控，优化运行调度，确保电力系统稳定运行和电力可靠供应。

国内电网企业均高度重视保供电任务，以某电网公司为例，规定对公司保供电工作按照重要程度分为特级、一级、二级、三级保供电四个级别，对保供电管理机构、保供电定级、资源保障、方案编制以及重点工作进行了明确。所属分（子）公司也编制了相应的工作指引，以"一等级、一层级、一任务清单"的形式，明确了省、地、县三个层级不同级别各专业的工作任务，进一步细化了各级保供电任务的准入条件、工作流程、到位标准、装备配备等要求。

输变电工程建设保供电的造价管理一般遵循着电网企业工程造价管理的基本规定，其工程计价优先选用行业或地方政府颁布的定额，结算时根据合同规定开展。但是不同保供电项目，其造价管理现状各不相同。

1）带电作业项目。

国家能源局于2017年发布的《20kV及以下配电网工程预算定额》（2016年版，以下简称2016年版配网定额）第三册《架空线路工程》第7章"带电作业"中给出了10kV线路带电断、接引流线，10kV线路带电立、撤电杆（直线），10kV线路带负荷直线杆改耐张杆，10kV线路临近带电作业布置安全措施，10kV线路带电（带负荷）装、拆部件，10kV线路带负荷安装柱上负荷开关等情况下的定额水平。

国家电网有限公司电力建设定额站于2019年8月颁布了《20kV及以下配电网工程带电作业补充定额（试行）》（以下简称2016年版配网补充定额），相比于2016年版配网定额补充了不停电更换柱上变压器、旁路作业检修架空线路、旁路作业检修电缆线路、从架空线路临时取电给移动箱变供电等工作内容的定额水平。

广东省电力行业协会也开展了配电网带电作业的相关研究，并于 2020 年 1 月印发《广东省电力行业 10kV 配电网不停电作业收费标准》（2019 年版），给出了不带负荷作业的 56 种工作、带负荷作业的 14 种工作共计 194 项费用标准。

总而言之，关于带电作业项目的计价，行业层面及企业或协会层面均有研究并发布相关费用标准，不同标准之间互为补充，在一定程度上保证了带电作业项目造价管理的规范性。

2）移动电源作业。

当前，输变电工程建设保供电应用移动电源进行作业的情形主要是采用发电机或者发电车进行保供电。根据来源不同，保供电发电车（机）一般分为两种情形，第一种为供电局自有设备，第二种为对外租赁设备。其中第一种情形是当前大部分供电局优先采用的模式，只有当供电局自有设备不足时才采用租赁的方式提供发电车（机）。

当发电车（机）采用租赁方式提供时，因缺乏计价标准，其台班费用水平是当前计价的难点，当前电网企业也较少发布关于发电车（机）保供电造价管理的统一指导文件。

3）临时转供电线路。

临时转供电线路的造价管理一般执行主体工程的造价管理原则，即按照电网企业造价管理规定执行相应电压等级的电力建设定额开展工程计价。

2.2 相关法律法规政策

法律层面，《中华人民共和国电力法》作为电力行业的基本法律，对电力建设、生产、供应和使用等各个环节进行了全面规范。该法明确了电力企业的权利和义务，规定了电力监管机构的职责和权力，为保供电提供了基本的法律框架。

行政法规层面，2011 年国务院发布了《电力安全事故应急处置和调查处理条例》和修订后的《电网调度管理条例》，前者要求规范电力安全事故的应急处置和调查处理工作，以控制、减轻和消除电力安全事故损害；后者规定了电网调度的基本原则、程序和要求，确保电网的安全、稳定、经济运行。

部门规章层面，国家发展改革委、国家能源局均针对供电相关的职责、电力安全生产等颁布了规章制度。

国家发展改革委公布的《供电营业规则》则对供电企业的服务行为、供电方式、供电质量等方面进行了详细规定，保障用户的合法权益。《电力监管条例》规定了电力监管机构的职责、电力市场的运行规则、电力企业的义务等内容，以保障电力系统的稳定运行。

国家能源局依据《安全生产法》《网络安全法》《电力监管条例》等法律法规和国家有关规定，于 2020 年组织修订了《重大活动电力安全保障工作规定》。该规定针对重大活动的电力安全保障工作提出了明确的工作要求，包括重大活动电力安全保障工作启动的依据、工作阶段划分、工作职责，其中明确了电力企业在保供电工作的主要职责包括：贯彻落实各级政府和有关部门关于重大活动电力安全保障工作的决策部署；提出本单位重大活动电力安全保障工作的目标和要求，制订本单位保障工作方案并组织实施；开展安全评估和隐患治理、网络安全保障、电力设施安全保卫和反恐怖防范等工作；建立重大活动电力安全保障应急体系和应急机制，制订完善应急预案，开展应急培训和演练，及时处置电力突发事件；协助重点用户开展用电安全检查，指导重点用户进行隐患整改，开展重点用户供电服务工作；及时向重大活动承办方、电力管理部门、派出机构报送电力安全保障工作情况；加强涉及重点用户的发、输、变、配电设施运行维护，保障重点用户可靠供电。同时，为了保障电力设施的安全和稳定运行，还有《电力设施保护条例》等相关法规。这些法规明确了电力设施的保护范围、保护措施和法律责任，对危害电力设施安全的行为进行了严厉打击。

此外，各地方政府也会根据当地实际情况制定相应的保供电法规和政策，以更好地适应地方电力需求和发展状况。这些地方法规和政策通常会对当地的电力规划、建设、运营和管理等方面进行具体规定。

综上所述，保供电的法律法规和规章制度涵盖了电力行业的各个方面，为电力供应的安全、稳定、高效运行提供了坚实的法律保障和明确的要求。

第3章 保供电项目管理要点

3.1 项目目标的识别和确定

在输变电工程可行性研究阶段时,规划管理部门应组织可研编制单位向工程所在的供电局生产运维部门等单位开展资料收集、现场踏勘,从电力安全、社会发展、经济发展、环境保护等多个角度,分析所开展的工程项目实施保供电措施的必要性。

在开展必要性分析时,一般需涵盖电网运行风险及防控要求、电网运行安排、运行控制要求、工程建设影响等。相关分析材料的编写需调度各个专业进行配合,省级电网企业各调度部门应提供编制方案的各项基础数据,包括负荷预测、机组和输变电设备检修、机组停备安排、电力平衡分析、调峰平衡分析、负荷偏差预案等。网级电网企业总调各专业提出保供电期间运行安排、专业管理及运行要求。

在开展必要性分析时,需要分析实施保供电与否所产生的影响范围。保供电项目的影响范围一般包括:

(1)居民生活用电影响:保供电措施的实施对居民生活用电的稳定性和连续性的影响,尤其是节假日、极端天气等特殊时期,稳定的电力供应对于居民生活质量的提升具有重要影响。

(2)社会稳定与公共安全影响:电力供应的稳定性对于社会秩序至关重要。保供电措施能够避免因电力问题引发的社会不安,有助于维护社会稳定。电力供应的不稳定性则可能导致安全事故,如火灾和生产事故。

(3)经济发展与产业支撑影响:电力是经济增长的关键因素,保供电措施的实施直接影响企业正常能够生产运营。

经分析需要开展保供电措施的,则明确保供电的范围、实施时间等重要内容,进而完成项目目标的识别和确定。

3.2　项目相关方的识别与确定

项目相关方的类别在项目可研阶段技术方案确定后可以得到识别，而项目相关方的确定则需要随着项目的开展逐步明确。

可研阶段，规划管理部门通过招投标等方式确定可研报告编制单位、可研评审单位，并组织将评审意见报送给相关部门进行审批。

投资计划下达后，由基建职能部门明确本项目的建设管理单位。建设管理单位进而逐步明确勘察设计单位、监理单位、造价咨询单位、施工单位、物资供应厂家等相关方。

在保供电的管理流程中，常见的相关方包括电网企业、施工单位、设计单位，还包括保供电设备供应单位等，其他相关方包括政府部门、监理单位、业主单位等。电网企业负责制订保供电的总体方案，协调各方资源，确保供电保障工作的顺利进行。在电网企业内部，规划部门在工程项目前期、生产部门在供配电设施管理、基建部门在项目建设实施等阶段均会参与到保供电工作中。施工单位接受电网建设单位委托，执行经审批的保供电实施方案。保供电设备供应单位负责提供发电车（机）等保供电设备，并确保设备的正常运行和维护。

总结而言，输变电工程项目保供电管理以电网企业为主，电网企业内部根据分工不同履行相应职责。

3.3　进　度　管　理

输变电工程保供电项目的进度管理目标一般由基建部门与生产部门、调度部门等相关方协商制定，核心在于什么时间点实施保供电措施。该时间点的确定既要考虑项目实施对供电可靠性的影响，也要基于工程建设的合理规范程序进行确定。

输变电工程保供电项目进度计划的制定应以工程建设阶段为流程主线。可行性研究阶段及设计阶段的进度管理，主要是明确可研报告、设计文件的交付时间。招投标阶段的进度管理，主要是为了合同签署而设定的进度计划，以及

35

为了整个项目进度目标而开展的项目合同条款设定等工作。实施阶段的进度管理是整个项目进度管理的难点，其核心在于根据整体进度目标，找到影响进度的关键工作和关键线路。

输变电工程保供电项目进度计划执行关键路径上的关键工作是发电车（机）现场作业，因其工期无法进行压缩，相关工作环节层层相扣，因此有必要对其实施流程进行梳理与规范。一般而言，发电车保电作业可按以下流程进行进度管理：

（1）现场勘察及方案制订。

项目团队在制订停电计划前应开展现场勘察，根据负荷情况确定发电车（机）参数要求、停车位置、电缆敷设长度及路径、接入点、接头形式以及接入作业方式等要素，并填写现场勘察记录。

根据现场勘察结果制订发电车接入及退出方案。在保障安全的前提下，以"用户停电感知最小"为目标制订发电车作业方案，技术应用方面遵循"能带（电）则带（电）、能合（环）则合（环）"原则，现场组织方面按照"发电转供接入—主项目施工—发电转供退出"编排作业次序。

（2）计划编制及审核。

停电计划编制阶段应统筹考虑发电车接入及退出方案。停电计划审核阶段应同步审核发电车接入及退出方案，核查用户停电感知是否最小、防发电车倒供等安全措施是否齐全等。

（3）计划实施前准备。

项目管理人员根据发电车接入及退出方案提前组织协调施工人力和工器具，落实好施工环境，以满足低压发电作业的顺利实施。发电车工作小组负责人应至少提前一个工作日落实好发电车放缆接入所需施工人员、工器具、围栏、防碾压盖板、进场手续（如有）等，并与驾驶司机协商明确车辆到位时间和地点。

（4）计划实施阶段。

1）提前完成准备工作。作业当天，发电车工作小组负责人应按预定工作安排，及时指引司机停放发电车，组织开展电缆敷设（接入发电车但不接入电网），确保在停电开始前已完成发电车就位、电缆敷设和围蔽等前期工作，具备接入条件。发电车保供电实施阶段进度管理示意图如图3-1所示。

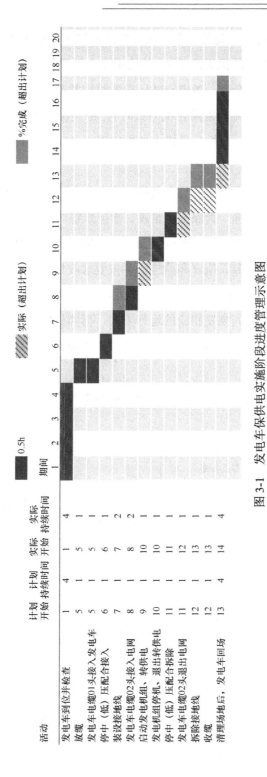

图 3-1　发电车保供电实施阶段进度管理示意图

2）发电车电接入。将发电车接入流程统一视为"操作流程"（包括接入前的停电、接地和接入后的机组启动），并使用操作票管控，以增加工作连贯性，提高现场作业效率和安全性。考虑到低压设备结构紧凑、作业空间有限，为保障作业安全和施工质量（尤其采用带电方式时），相关操作应由通过培训、考核具备资质的人员（含外委）执行，且接火过程宜采用"一人监护、一人操作"的方式开展。

作业期间应加强发电作业过程管控，应设专人管控发电车作业和主项目施工的有序轮换和协调管理，确保工序紧凑、衔接顺畅。如遇发电车或设备故障等突发情况影响正常作业次序的，由管控负责人根据现场实际情况进行调整。

发电期间应安排专人值守和监控，并按要求收集相关支撑材料。

3）主项目停电、施工及送电。完成发电车转供后，再实施主项目的停电施工。主项目完工后，先恢复相应的运行方式，再实施发电车退出。

4）发电车退出。与接入流程类似，将发电车退出流程统一视为"操作流程"，并使用操作票管控。

典型保供电情况下，低压发电车作业的基本流程见表3-1。

表 3-1　　　　　　　　　　　低压发电车作业的基本流程

流程节点编号	流程节点名称	具体步骤
1	作业前准备	发电车到位、状态检查
2		放缆，发电车电缆01头接入发电车
3	发电车接入流程：实施安全措施、接火过程、拆除安全措施、启动发电车转供	许可、站班会等
4		停中压配合接入（如有）
5		停低压配合接入（如有）
6		装设接地线（如有）
7		发电车电缆02头接入电网
8		拆除接地线（如有）
9		启动发电机组、转供电
10	主项目停电—施工—复电	低压发电车处于供电状态

续表

流程节点编号	流程节点名称	具体步骤
11	发电车退出流程：发电车停机、实施安全措施、拆火过程、拆除安全措施、恢复原运行方式	许可、站班会等
12		发电机组停机、退出转供电
13		停中压配合拆除（如有）
14		停低压配合拆除（如有）
15		装设接地线（如有）
16		发电车电缆 02 头退出电网
17		拆除接地线（如有）
18		恢复中低压运行方式（如有）
19	电缆回收及场地清理	收缆
20		清理场地后，发电车回场

3.4 技 术 管 理

经评估需要开展保供电的，由建设单位组织可研编制单位、设计单位根据工程各阶段工作深度要求开展技术方案研究，并从技术先进性、经济合理性、社会环境友好性等方面对不同技术方案进行技术经济比较，选择推荐方案。

输变电工程保供电技术方案比选论证时一般需包括周边供电现状与需求、拟建输变电工程规模及建设影响、保供电实施方式、保供电工程方案设想与技术经济性对比、环境保护分析、水土保持措施、社会安全稳定等项目风险识别与应对、主要结论等。对于保供电工程设计而言，其设计方案一般需涵盖设计原则、负荷计算方法和结果、供配电线路设计、配电设施场地要求、设备选型、线路截面要求、防雷接地等设计技术要求。

输变电工程保供电项目的技术管理必须遵照国家和行业有关工程建设方针、政策和强制性标准以及规程规范的要求，通过合规方式选择资质满足要求的咨询和勘察设计单位，坚持先勘察、后设计、再施工的原则，满足安全、稳定、经济运行需要，全面执行勘察设计质量控制、设计评审质量控制等相关规定。

技术路线选择方面，应优先采取安全、可靠、用户停电感知少的保供电技术。

技术管理策略方面，针对成熟的技术可采取标准设计或典型场景手册等方法规范技术方案。例如部分电网企业针对发电车的特点发布了典型接入场景，做到了技术应用的标准化和规范化（见表 3-2）。

表 3-2　　　　　技术应用标准化示例——发电车典型接入场景手册

方案编号	接入方式	发电车接入位置	是否需停配电变压器	适用条件
A	不停电接入	总开关负荷侧母排	否	（1）作业环境良好，规范施工前提下，误触碰其他带电体风险低。 （2）柜内空间足够，具备接入汇流夹钳、快速插入等带电作业的条件。 （3）具有汇流夹钳等带电作业工器具及遮蔽用具
B		分路备用开关（或分接箱）		（1）作业环境良好，规范施工前提下，误触碰其他带电体风险低。 （2）柜内空间足够，具备分路备用开关（或快接箱）。 （3）具有匹配的线缆接头及遮蔽用具
C		低压分路出线		（1）作业环境良好，规范施工前提下，误触碰其他带电体风险低。 （2）低压出线可辨识，具备带电接入口或可带电剥皮。预计单回分路开关容量不满足保供电要求，可分别接入两回及以上出线。 （3）具有专用引流线夹等带电作业工器具及遮蔽用具
D	停电接入	低压总开关开关负荷侧母排		（1）作业环境良好、规范施工前提下，误触碰其他带电体风险低。 （2）带电接入风险难以预判，但满足停电接入条件
E		低压分路出线		（1）低压柜、分路开关、隔离开关等低压设备需要检修的情形。 （2）低压母排位置紧凑，无法接入发电车电缆。 （3）低压分路出线为电缆，无法带电接入
F		变压器低压出线	是	受限于设备空间间距、地形环境、过负荷能力等，低压线路设备均无法接入，以上 A～E 方案均不适合实施

3.5 质 量 管 理

质量监控与保证是工程项目管理的核心任务之一。在施工过程中，应建立健全质量管理体系，明确质量管理责任和要求。通过加强质量检查和验收，确保施工质量符合设计要求和相关标准。同时，应加强对关键施工过程和关键部位的质量控制，确保项目的整体质量达到预期目标。输变电工程保供电项目的质量管理目标是通过设计质量管控、设备材料品控管理确保工程实体的质量，进而确保电力供应质量。根据质量管理的流程，输变电工程保供电项目的质量管理可通过以下几个方面开展：

1. 质量计划

鉴于保供电项目一般由电网企业主导实施，因此可根据企业质量管理体系和程序制订质量管理计划，涵盖质量目标和要求、质量管理职责、质量管理与协调的程序、质量控制点设置与管理、各生产要素质量控制、质量目标检验标准等。

2. 设计质量控制

在设计合同中明确设计质量保证措施，并按照设计合同的要求做好设计质量策划。对输变电工程保供电项目而言，尤其要针对供电需求预测、供电技术方案先进性与可靠性、设备选型的合理性等方面提出成果质量保证的方法。在确定保供电设计方案前应做好前期调查工作，确保在充分了解工程所在地自然与社会环境的基础上制订设计方案。

保供电设计方案应经过项目相关方的审查，包括但不限于基建管理部门、生产部门、电力调度部门、设计评审单位等，必要时还应邀请供电区域的政府或其他社会机构代表参加。

3. 事前质量控制

施工准备阶段应提前对可能出现的问题制定好应对措施。实施前，设计单位应向施工单位做好技术交底工作，确保施工过程中涉及的每一个环节都有详细的指导方案，以此来保障现场施工人员在实际工作展开过程中都能做到有据可依，避免施工人员过度依赖个人经验所导致的质量问题。

参与施工的人员应经过专业培训，部门岗位需取得操作许可证，具体培训内容应包含各项设备的使用方法、操作流程、材料性能等，同时应对施工人员的安全意识进行培训，避免部分人员因安全意识不强而出现操作不规范等问题。

在保供电实施前，应对各环节的工作内容进行标准化并以文本形式传达给各个工作人员。发电车（机）保供电各阶段工作内容可按以下要点进行标准化管理。

（1）作业前准备工作。

1）现场勘查安排。现场勘查安排由供电局和施工单位参与，供电局进行总体安全技术交底，依照发电车使用计划和供电局发电车保供电委托书安排工作人员与施工单位进行保供电项目内容的现场勘察，并完成安全技术交底。

2）现场勘查。按照发电车保供电（工程性质）类别，在工作人员带领下进入现场核对收集项目（用户）信息和进行现场相片采集，准确掌握项目（用户）对应联系人、保供电负荷、运行方式、电源相序、行驶路线、周边环境、停车摆放位置与到接入点的电缆长度、接入点装置等详细信息。

3）制订保供电作业施工方案。工作负责人根据现场勘查情况，制订本次发电车保供电作业施工方案，并完成各个节点审核批准工作后，由工程建设部发出保供电委托书。

4）办理工作票。保供电工作负责人提前办理发电车公用（用户）重大等保供电工作票。

5）用车手续及准备工作。

① 发电车使用单位提前以书面形式向发电车运维单位提交用车申请，经审批同意后方可使用。

② 发电车所属单位在收到借用申请后，应及时安排移动应急发电车的检查工作，保持发电机油箱满油状态。

③ 发电车使用单位接车后认真检查车辆、设备以及工器具，确保其状态完好，安全可靠。同时准备充足的燃油储备和发电机组的备品备件、工器具、现场防护用具等并登记每次发电车和发电机加油量。

④ 保供电作业车外接电缆不足部分由施工单位自行提供电缆驳接。

（2）实施阶段。

1）现场安全举措落实。

① 工作负责人对全体作业人员进行工作、技术、安全交底（明确安全举措：

确立保供电范围，明确停电、带电部位，落实保证作业现场安全的各项技术举措。明确工作要求：作业现场统一指挥，协同配合开展工作）。

② 现场围蔽。

③ 接地极安装、接地线连接。

2）相序配适并正确连接电缆。工作负责人再次查对电源相序，并与镇区供电服务中心台区管理人员共同进行发电车电缆与配电设施的正确连接。

3）试运行。

① 启动发电车空载试发电，启动过程应由一人监护，一人操作。

② 启动发电车前，确认发电车外壳及中性点应有效接地。

③ 确认设备低压侧电源进线主开关、隔离开关和发电车低压输出开关处于"断开"地点。

④ 手动"断开"发电车输出开关，发电车停止运转，并恢复设备正常运转方式。此时发电车暂时电缆以及发电车输出开关负荷侧带电，发电车进入冷备用保电状态。

4）保电实施。

① 工作负责人与配电部门负责人确认不存在电源反送电隐患后，合上发电车低压输出发电车保电作业流程开关。

② 工作负责人依据城市应急发电车专业技术标准，指导用户配电人员分时分功率渐渐加载至不超出发电车额定输出功率。

③ 运转人员随时监控发电机组运转参数、报警信息等，并做好记录。

④ 保证机组所用燃油供给。

（3）结束阶段。

1）电车退出运转。工作负责人依据技术标准的要求指导作业人员渐渐卸去发电车负载至零，并确认无误后，断开发电车低压输出开关，封闭发电机。

2）拆掉电缆，撤去工具、设施，并清理现场。

① 作业人员安全拆掉发电车暂时电缆，恢复配电正常运转方式。

② 确认撤去全部设施、工具，实时清理作业现场。

3）工程量确认，车辆返回。

① 与甲方确认工程量。

② 全体人员、车辆安全返回基地。

（4）事中质量控制。

施工阶段应重视施工过程中的检查及监督工作，并对这一阶段发现的各类问题进行整改。监理人员应能到施工现场进行检查和监督，对施工现场状况进行记录，将存在问题的部分通过照片、视频等形式保存下来，为后续竣工验收工作做好准备。发电车（机）保供电实施过程中的质量控制，除了施工人员确保各个步骤的工作内容满足规程规范要求外，还需要防范保供电设备的质量缺陷或操作不当引起的质量事故。在实际的施工质量检查及监督过程中，施工人员可应用 WHS控制点或实施流程提示卡等工具来确保工程实施质量。表 3-3 为实施流程提示卡示例——发电车作业检查清单。

表 3-3　　　　　　　　　　　　　发电车作业检查清单

序号	作业内容	作业标准	作业记录
1	检查发电机组水箱冷却液面	发电机组水箱冷却液面在刻度尺范围内	确认（　）
2	检查水箱散热器芯和中间冷却器的外部是否被挡住	确保水箱散热器芯和中间冷却器的外部没有被挡住	确认（　）
3	检查机油液面	机油液面在刻度尺范围内	确认（　）
4	检查机油油路	机油油路完整无损坏	确认（　）
5	检查燃油是否充足	发电机组燃油充足	确认（　）
6	检查控制系统的电气连线是否有松动	发电机组控制系统的电气连线要上紧	确认（　）
7	检查蓄电池电解液面	蓄电池电解液面在刻度尺范围内	确认（　）
8	检查蓄电池电压	确保蓄电池电压在正常值范围内	确认（　）
9	检查进气管和连接管	确保进气管和连接管无损坏	确认（　）
10	检查所有软管	确保所有软管完整无损坏	确认（　）
11	检查所有卡箍	确保所有卡箍完整无损坏	确认（　）
12	检查发电车的支撑脚	确保发电车所有支撑脚已经收起	确认（　）
备注			

（5）事后质量评估与反馈。

事后质量评估除了竣工质量验收等常规工作外，还应针对已展开的质量控制措施实施，实施效果评估与反馈对于质量控制效果好的措施，应进行措施固化并融入日常管理制度；对于质量控制效果不佳的措施，应开展措施改善工作。

3.6　安　全　管　理

输变电工程保供电项目的安全管理主要在于电力安全供应、作业操作过程安全两个层面。

电力安全供应层面，确保保供电措施应以合理的技术管理、可靠的质量管理等工作为基础。

作业操作过程安全层面，需制定详细的安全事故防范细则确保实施过程，尤其是带电作业实施过程的规范性。实际施工过程可通过安全风险提示清单等方式来支撑安全管理。表 3-4 为发电车作业安全风险提示清单。

表 3-4　　　　　　　　　　发电车作业安全风险提示清单

作业事项	风险内容						
	危害名称	风险范畴	风险种类	风险等级	涉及作业步骤	风险控制措施	是否确认
风险评估及交底	误碰带电设备	人身安全	触电	低	作业全过程	（1）应与带电体保持足够的安全距离。 （2）接触设备前进行验电	确认（　）
	注：可接受风险和部分通过审查的低风险通过培训等形式落实措施，不再列入作业指导书						
	新增风险及控制措施						确认（　）
作业前安全交底	严禁事项	工作人员身体不适时严禁作业					确认（　）
	应急事项	遇紧急情况，工作负责人应根据具体情况分别按照以下的紧急处理程序进行处理： （1）发生人员坠落、人员触电、中暑等严重威胁生命的情况时，立即向本部门领导、安全监督人员报告并将人员转移到安全地点，并进行急救，同时拨打 120 电话联系医院派救护车前来救援。 （2）发生碰伤、扭伤等较轻微且不危及生命的伤病时，先暂停工作进行紧急处理，再视伤病严重程度考虑是否送院治疗。					确认（　）

续表

作业事项	风险内容						
	危害名称	风险范畴	风险种类	风险等级	涉及作业步骤	风险控制措施	是否确认
作业前安全交底	应急事项	（3）发生误碰设备跳闸事故时，应立即停止工作，保障人员安全，同时向相关部门如实报告情况，保持现场接受调查。 （4）紧急情况下发电机需要停机的按下红色"紧急停机"按钮					确认（　）
	交底事项	工作任务					确认（　）
		设备的带电情况					确认（　）
		作业环境情况					确认（　）
现场安全设施	在施工现场做好安全围栏，并设置足够警示牌						确认（　）
交底签名	工作负责人：_____ 工作班成员：_____						

3.7　造　价　管　理

　　输变电工程保供电项目的造价管理与输变电工程一样执行电网企业相应造价管理规定。经审批的可行性研究估算是项目总投资的最高限额，没有特殊原因一般不得突破。建设工程计价活动应当符合法律、法规、规章和强制性标准，遵循投资估算控制概算、概算控制预算或者最高投标限价、预算或者最高投标限价控制结算的原则，实行建设工程全过程造价管理。

　　输变电工程经评估需开展保供电措施的，可研编制单位根据审定方案在可研估算中预留保供电相关费用。可研阶段保供电项目的造价估算，应参照历史同类工程或相关机构发布的造价指标进行造价水平合理性评估。

　　输变电工程保供电项目的初设概算及施工图预算应根据设计深度执行相应计价依据进行编制。在竣工结算时，需以施工合同为基础，以签证和详尽的过程资料作为支撑开展结算管理。

　　输变电工程保供电项目，尤其是发电车（机）的计价方法尚无统一规定。如何规范开展计价是发电车（机）项目管理的重点和难点，本书将以专门章节进行分析论述。

第4章 保供电项目计价方法

4.1 保供电项目计价方法综述

1. 带电作业项目计价方法

国家能源局 2017 年印发《国家能源局关于颁布〈20kV 及以下配电网工程定额和费用计算规定〉（2016 年版）的通知》，涵盖了《20kV 及以下配电网工程预算编制与计算规定》《20kV 及以下配电网工程估算指标》《20kV 及以下配电网工程概算定额（建筑工程、电气设备安装工程、架空线路工程、电缆工程、通信及自动化工程)》《20kV 及以下配电网工程预算定额（建筑工程、电气设备安装工程、架空线路工程、电缆工程、通信及自动化工程)》。其中《20kV 及以下配电网工程预算定额》（2016 年版）的第三册《架空线路工程》第 7 章为"带电作业"。

虽然国家能源局 2023 年颁布了新版的配电网工程定额，即《20kV 及以下配电网工程定额和费用计算规定》（2022 年版），其中删除了"带电作业"相关章节。但是根据"电力工程造价信息网"答疑，"在新版带电作业定额未发布之前，可以执行旧版定额中的带电作业相关定额"。

因此，《20kV 及以下配电网工程预算定额》（2016 年版）涵盖的带电作业内容，其计价依然执行该版定额，包括 10kV 线路带电断、接引流线，10kV 线路带电立、撤电杆（直线），10kV 线路带负荷直线杆改耐张杆，10kV 线路临近带电作业布置安全措施，10kV 线路带电（带负荷）装、拆部件，10kV 线路带负荷安装柱上负荷开关。

部分电网企业在《20kV 及以下配电网工程预算定额》（2016 年版）基础上，根据业务场景需要编制了相应补充定额。例如国家电网有限公司电力建设定额站于 2019 年发布《20kV 及以下配电网工程带电作业补充定额》，内容包括不停电更换柱上变压器、旁路作业检修架空线路、旁路作业检修电缆线路、从架空线路临时取电给移动箱变供电等。

带电作业项目计价可根据业务场景执行对应的行业或企业定额。

2. 临时转供电线路计价方法

临时转供电线路的计价可根据转供电线路类型执行相应定额计价依据，即基建项目执行《电力建设工程定额和费用计算规定》（2018 年版），配电网项目执行《20kV 及以下配电网工程定额和费用计算规定》（2022 年版），技改检修项目执行《电网技术改造及检修工程定额和费用计算规定》（2020 年版）。

3. 发电车（机）保供电计价方法

发电车（机）保供电项目的计价方法，当前尚无统一规定，相关研究资料较少，各地做法也各不统一。发电车（机）保供电项目的计价方法是本书探讨的重点内容之一。

发电车（机）保供电费用包括相关作业费用及发电车（机）台班费。其中作业费用一般包括勘察、监控、接地、接线、拆除、收缆、清理等工作产生的费用；发电车（机）台班费一般包括机械折旧、检修、维护、安拆和场外运输等工作产生的费用，以及机上人工费、燃料动力费和其他费，具体费用组成见表 4-1。

表 4-1　　　　　　　　发电车（机）保供电项目造价构成

发电车（机）保供电费用	作业费用	勘察、监控相关费用
		接地、接线、拆除、收缆、清理等其他作业费用
	发电车（机）台班费	机上人工费
		燃料动力费
		折旧费、检修费、维护费、安拆费及场外运费、其他费（保险、车船税、检测费等）

其中，对于发电车（机）台班费而言，因所有权不同、设备类型不同，其费用包含内容有所区别。

（1）供电局自有发电车（机）的台班费。对于供电局自有设备，鉴于设备购置及维修保养一般由专项费用承担，因此在工程项目中仅计列保供电过程所发生的费用，具体而言：

1）供电局自有发电车进行保供电的，工程项目中仅计列燃料动力费、发电车司机人工费。

2）供电局自有发电机进行保供电的，工程项目中计列燃料动力费、安拆费及场外运费。

（2）租赁发电车（机）的台班费。

对于租赁的发电车（机），需要在工程项目中计列全口径的机械台班费，具体而言：

1）租赁发电车进行保供电的：

发电车台班费=折旧费+检修费+维护费+燃料动力费+其他费（如发生）+机上人工费

2）租赁发电机进行保供电的：

发电机台班费=折旧费+检修费+维护费+燃料动力费+其他费（如发生）+安拆费及场外运费+机上人工费

4.2 发电车（机）保供电作业费用计算方法

1. 勘察、监控相关费用计算方法

现场勘察工作是为了准确掌握项目（用户）对应联系人、保供电负荷、运行方式、电源相序、行驶路线、周边环境、停车摆放位置与到接入点的电缆长度、接入点装置等详细信息。监控工作是为了监控机组运转参数及报警信息，人员须随时监控发电机组运转参数、报警信息等，并做好记录。

根据工作内容要求及以往案例可知，发电车（机）勘察、监控相关工作以电力工程专业人员投入为主，其费用计算方法研究主要在于如何确定工日单价的合理水平。

根据保供电勘察、监控的工作内容来看，完成相关工作需要具备电气专业知识、熟悉设备安装等工艺，这些专业素质要求与安装技术工较为匹配，因此本书研究认为以往指引与案例中的计费方法是合理的。

基于上述分析，本书建议保供电勘察、监控人员费用计算时，参照配套定额的安装技术工类别，即配电网工程参照《20kV 及以下配电网工程建设预算编制与计算规定》（2022 年版）、技改工程参照《电网技术改造工程预算编制与计算规定》（2020 年版）。地区、年度人工费的调整方式按照电力行业定额（造价）管理机构发布的调整文件执行，人工费价差计入编制基准期价差。所需工日数量以保供电方案要求为准，原则上不超过历史同类工程人工投入。

2．其他作业费用计算方法

（1）施工要素投入梳理。

1）主要材料（含运输）。

现场实施发电车（机）保供电需要用到的常用主材包括电缆、绝缘穿刺线夹等。材料运输不需要使用载重汽车等专门的运输车辆，随工作人员前往现场的皮卡车（电力工程车）就可以完成运输任务。相关材料的安装工作在《20kV 及以下配电网工程建设预算编制与计算规定》（2022 年版）或《电网技术改造工程预算编制与计算规定》（2020 年版）配套定额中均有涵盖。

2）安装及拆除所需人工。

安装拆除人工典型耗量及单价在《20kV 及以下配电网工程建设预算编制与计算规定》（2022 年版）或《电网技术改造工程预算编制与计算规定》（2020 年版）配套定额中已有所涵盖。

3）安装及拆除所需消耗性材料。

消耗性材料是在保供电施工安装及拆除过程中所需要的必要辅助性材料，常见的消耗性材料包括钢板、扁钢、焊条等，其典型耗量及单价在《20kV 及以下配电网工程建设预算编制与计算规定》（2022 年版）或《电网技术改造工程预算编制与计算规定》（2020 年版）配套定额中已有所涵盖。

4）安装及拆除所需机械。

发电车（机）保供电施工安装及拆除所需的机械一般包括汽车式起重机、平板拖车组、输电专用载重汽车等，其典型耗量及单价在电力工程台班定额中已有所涵盖。

综上所述，发电车（机）保供电施工与其他工程施工一样，往往涉及人工、材料、机械等一系列的施工要素投入。《20kV 及以下配电网工程建设预算编制与计算规定》（2022 年版）或《电网技术改造工程预算编制与计算规定》（2020 年版）配套定额对于常见的保供电施工工作内容均有所涵盖。

（2）保供电其他作业费用的计算方法。

根据发电车（机）保供电其他作用费用施工要素投入、各供电局发布的标准及以往案例分析，本书研究推荐按照工程性质相应采用《20kV 及以下配电网工程建设预算编制与计算规定》（2022 年版）或《电网技术改造工程预算编制与计算规定》（2020 年版）及配套定额作为发电车（机）保供电其他作业费用的计列依据，具体而言：

1）发电车（机）保供电其他作业包括放缆、接入、装拆接地、测量检查、收缆等工作，执行《20kV 及以下配电网工程建设预算编制与计算规定》（2022 年版）或《电网技术改造工程预算编制与计算规定》（2020 年版）定额体系的相关规定。其中的拆除工作，在《20kV 及以下配电网工程建设预算编制与计算规定》（2022 年版）配套定额不能涵盖的，则参照电网工程建设预算编制规定常用做法，按照新建工程的定额子目乘以折减系数考虑，即"人工费×0.3、材料费×0、机械费×0.3"。《电网技术改造工程预算编制与计算规定》（2020 年版）配套定额涵盖的内容执行相关拆除定额子目。

2）常用材料的单价依据以往工程结算价及市场价格信息进行确定，保供电常用材料单价建议见表 4-2。

表 4-2 　　　　　　　　　　**保供电常用材料单价建议**

名称	型号	单位	单价/元
绝缘穿刺线夹	截面 120mm²	个	150
	截面 240mm²	个	200

注：编制造价文件时需根据工程所在地信息价或市场价核实材料单价。

基于上述分析，本书研究建议计算发电车（机）保供电其他作业费用时，按照工程类别参照对应定额进行计算，即配电网工程执行《20kV 及以下配电网工程建设预算编制与计算规定》（2022 年版）、技改工程执行《电网技术改造工程预算编制与计算规定》（2020 年版）。常见保供电其他费用的定额使用建议见表 4-3。

表 4-3 保供电作业常见定额使用建议

序号	工作内容	基建项目	生产技改项目
1	接地极安装	PD9-3	JYD8-1～6
2	接地极拆除	CYD10-110	CYD10-110
3	接地引下线安装	PD9-10	JYD8-30
4	接地引下线拆除	CYD8-9	CYD8-9
5	接地电阻测量	PX4-76	JYX3-212
6	配电装置检查	PD11-5	JYS3-3
7	1kV 电缆敷设	PL2-4～6	XYL1-3～5
8	1kV 电缆拆除	CYL1-3～5	CYL1-3～5
9	电缆试验	PL5-1	JYD7-47
10	电缆接入	PX6-45～47	JYX7-24～25

4.3 发电车（机）台班费计算方法（自有设备）

1. 发电车（机）燃料动力费

发电车（机）燃料动力一般为柴油或汽油，其单价可执行预算编制期国家价格管理部门发布的成品油指导价。柴油消耗量可按照机器功率参数确定燃油量的限额。

本书以广东地区保供电项目为例，结合 2024 年 5 月广东 0 号柴油指导价格（7.87 元/L），计算得到部分型号柴油发电设备燃料动力费限额见表 4-4。

表 4-4 柴油发电设备燃料动力费限额计算示例

序号	发电容量/kW	柴油消耗量限额 / (L/h)	燃料动力费限额 / (元/台班)
1	30	6	377.76
2	50	10	629.6

续表

序号	发电容量/kW	柴油消耗量限额/（L/h）	燃料动力费限额/（元/台班）
3	60	12	755.52
4	80	16	1007.36
5	100	20	1259.2
6	120	24	1511.04
7	135	27	1699.92
8	160	32	2014.72
9	200	40	2518.4
10	315	63	3966.48
11	320	64	4029.44
12	400	80	5036.8
13	500	100	6296
14	630	126	7932.96
15	800	160	10 073.6
16	1000	200	12592

上述方法计算得到的燃料动力费作为机械费的一部分计入直接工程费，并参与建筑安装工程费取费。

2. 发电车司机人工费

在本书收集的工程案例中，涉及发电车司机的案例往往与勘察、监控人员费用一样，参照配电网定额或技改定额中的安装技术工进行司机人工费计算。本书作者认为，发电车司机工作内容与安装技术工的工作内容并不相同，人员能力要求也不同，所以以参考定额人工费计算司机人工费缺乏合理性。

保供电发电车司机人员与现行电力定额、地方定额中的人员类别均有所区别。为科学评估发电车司机人工费的合理水平，本书以广东地区工资水平为例开展研究论述。

《2023年广东省人力资源市场工资价位及行业人工成本信息》（以下简称"广东省人力成本信息"）中建筑业相关人员工资价位统计信息见表4-5。其中工资价位是指企业从业人员的工资报酬的合计［工资价位=基本工资+绩效工资+津（补）贴+加班加点工资+特殊情况支付的工资］；人工成本是指企业在生产、经营和提供劳务活动中因使用劳动力而发生的所有直接和间接费用的总和，反映企业在报告期内因使用各种人力资源所付出的全部成本费用（人工成本=劳动报酬+福利费+教育经费+社会保险费用+劳动保护费用+住房费用+其他人工成本）。

表 4-5　　　　　2023 年广东省建筑业相关人员工资价位统计信息

序号	职业	工资水平/（万元/年）				
		10%	25%	50%	75%	90%
1	专用车辆驾驶员	3.76	5.16	6.59	7.83	10.78

表 4-5 中分位数是指将通过企业薪酬调查获取的工资价位或人工成本数据按由低到高的顺序排序，处在某个分位上的数据值反映的市场价位水平。90%对应的数值是将通过企业薪酬调查获取的数据按由低到高的顺序排序，排在后 10%位置的数据值，反映市场的高端水平；以此类推，10%对应的数值是将通过企业薪酬调查获取的数据按由低到高的顺序排序，排在前 10%位置的数据值，反映市场的低端水平。

表 4-6 中列出了建筑行业不同类型企业的人工成本构成统计信息，反映了劳动报酬、福利费、教育经费等各类成本在人工成本中的占比。

表 4-6　　　　　2023 年广东省建筑业人工成本构成统计信息

序号	行业—类别	人工成本构成（%）						
		劳动报酬	福利费	教育经费	保险	劳保	住房	其他
1	建筑业—土木工程建筑	81.75	3.07	0.47	7.87	0.68	2.94	3.22
2	建筑业—建筑安装业	83.66	2.59	0.40	8.97	0.54	2.38	1.46
3	建筑业—小型企业	83.64	2.95	0.62	8.29	0.72	1.71	2.07
4	建筑业—微型企业	83.4	2.18	0.48	7.41	0.86	2.10	3.57

（1）从业人员类别。

从业人员类别主要用于关联工资价位的统计信息。考虑到发电车司机人员的主要职责是驾驶发电车到达保供电工作现场，因此本书按照"专用车辆驾驶员"的工资水平开展测算。

（2）企业类别。

企业类别主要用于关联人工成本构成的统计信息。考虑到保供电实施企业虽归属于建筑业大类，但是具体细分领域的区分度不强，因此按企业规模类型关联人工成本构成信息。经过调研核实，认为保供电施工单位多为建筑业小型企业，即劳动报酬约占整体人工成本的 83.64%。

根据上述选定的类别，按照每个月平均工作 21.75 天测算折合单日工资，则各价位水平的保供电司机人员用工成本（八小时工作制）为：

高端水平：$10.78/12/21.75/0.8364 \times 10\,000 = 493.81$（元/工日）

较高水平：$7.83/12/21.75/0.8364 \times 10\,000 = 358.68$（元/工日）

中等水平：$6.59/12/21.75/0.8364 \times 10\,000 = 301.88$（元/工日）

较低水平：$5.16/12/21.75/0.8364 \times 10\,000 = 236.37$（元/工日）

低端水平：$3.76/12/21.75/0.8364 \times 10\,000 = 172.24$（元/工日）

按照费用标准研究的一般原则，采用中等水平值，即 301.88 元/工日作为广东全省保供电发电车司机人员工日单价的平均值。

按照上文分析结果，考虑到部分城市工资水平接近，同时为了方便造价管理简化档级划分，参照电力定额划分方法，将广东地区城市划分为广州、粤港澳大湾区城市、其他城市三个等级通过不同等级城市相比与全省平均工资的倍数关系可计算确定保供电发电车司机人员工资综合单价，具体见表 4-7。

表 4-7　　　广东区域部分城市发电车司机人员工日综合单价建议表

序号	城市	工日综合单价/（元/工日）	
		全省平均	地区建议值
1	广州		430
2	粤港澳大湾区城市（珠海、佛山、惠州、东莞、中山、江门、肇庆）	301.88	300
3	其他城市（韶关、河源、梅州、阳江、湛江、茂名、云浮、清远、潮州、揭阳、汕头、汕尾）		280

注：表中费用为综合单价，不需另外计取管理费、利润、税金等费用。

55

上述方法计算得到的司机人工费作为一笔性费用计入建筑安装工程费，不再参与建筑安装工程费取费。

（3）人工费调整机制。

人工综合单价按照广东省统计局发布各地区的建筑业专用车辆驾驶员平均工资增幅每年定期调整使用，调整方法如下：

$$P_n = P_{n-1} \times \frac{C_{n-1}}{C_{n-2}}$$

式中：P_n 为发布第 n 年人工综合单价；P_{n-1} 为第 $n-1$ 年人工综合单价；C_{n-1} 为第 $n-1$ 年所在地区建筑业专用车辆驾驶员人工成本；C_{n-2} 为第 $n-2$ 年所在地区建筑业专用车辆驾驶员人工成本。

3. 发电机安拆费及场外运费

根据《电力建设工程施工机械台班费用定额》（2018 年版，简称 2018 年版电力定额），发电机的安拆及场外运费为 817 元/次。保供电工作涉及发电机的安拆及场外运输时，可按照此费用水平计入直接工程费，并参与建筑安装工程费取费。

当场外运输方案明确了运输机械时，也可根据运输机械计取场外运费。常见的运输机械包括平板拖车或起重机，其定额台班价见表 4-8。考虑保供电实施过程中，运输机械一般需在现场等待，不能再开展其他运输工作，因此计算费用时台班工程量可考虑一个台班考虑。

表 4-8　　　　　　　　　　　进退场机械台班费定额建议表

序号	定额编号	定额名称	台班费用
1	JT4-12	平板拖车组 10t	697.1
2	JT3-21	汽车式起重机 12t	773.02

4.4　发电车（机）台班费计算方法（租赁设备）

1. 租赁发电机的台班费计算

如前文所述，租赁发电机进行保供电的：

发电机台班费=折旧费+检修费+维护费+燃料动力费+其他费（如发生）+安

拆费及场外运费+机上人工费

由于燃料动力费占比大，且费用金额与燃油功率和燃油市场价线性相关。同时考虑到市场价格波动频繁，为保证研究成果既反映了发电机的实际运营成本，又能够适应市场变化，本书将发电机台班费分解为"燃料动力费"和"不含燃料动力费的台班费"。燃料动力费的计算可根据发电机的功率等级确定燃油耗量，按现时市场指导价据实计算。

在实际工程案例中，发电机台班费的计价往往存在一些争议，比如若直接执行市场租赁指导价，则计价依据权威性不足，存在审计风险；若执行定额价，不同定额的台班价存在差异，且与市场价的偏差存在争议。为此，本节将重点对此展开论述。

（1）2018 年版电力机械台班定额中发电机台班费用水平梳理。

《电力建设工程施工机械台班费用定额》（2018 年版）给出了 30kW、50kW、60kW、100kW、400kW、800kW 等型号柴油发电机组的台班费及费用构成。按照电力定额总站发布的广东地区调差文件（2023 年价格水平）计取相关取费后得到全费用综合单价见表 4-9。

表 4-9　　　　　　2018 年版电力机械台班定额计价调整方案

序号	发电机型号	定额编号	不含燃料动力费定额台班价					
			基价（扣除燃料动力）	定额调差（8.89%）	措施费（9.9%）	利润（5%）	税金（9%）	全费用台班单价
1	30kW 发电机	JT10-1	66.45	5.91	7.16	3.62	7.48	90.62
2	50kW 发电机	JT10-2	72.5	6.45	7.82	3.95	8.16	98.87
3	60kW 发电机	JT10-3	77.02	6.85	8.30	4.19	8.67	105.04
4	100kW 发电机	JT10-14	1269.11	112.82	136.81	69.10	142.91	1730.75
5	200kW 发电机	（参）JT10-14	1714.11	152.38	184.78	93.32	193.01	2337.62
6	400kW 发电机	JT10-15	2605.05	231.59	280.83	141.83	293.34	3552.63
7	500kW 发电机	（参）JT10-15	3384.05	300.84	364.80	184.24	381.05	4615.00
8	600kW 发电机	（参）JT10-16	4163.05	370.10	448.78	226.66	468.77	5677.36
9	800kW 发电机	JT10-16	5722.24	508.71	616.86	311.55	644.34	7803.70
10	1000kW 发电机	（参）JT10-16	7279.05	647.11	784.69	396.31	819.64	9926.80

表 4-9 中 200kW、500kW 等定额缺项的规格，为插值法折算得到。

（2）配电网定额中发电机台班费用水平梳理。

《20kV 及以下配电网工程预算定额》（2016 年版）台班单价见表 4-10。

表 4-10　　　　　　　　　　2016 年版配电网定额发电机台班单价

台班编码	定额名称	单位	含燃料动力定额台班单价/元
J11-01-001	柴油发电机组 30kW	台班	337.735
J11-01-002	柴油发电机组 50kW	台班	592.445
J11-01-003	柴油发电机组 60kW	台班	544.322
J11-01-004	柴油发电机组 100kW	台班	789.483
J11-01-005	柴油发电机组 120kW	台班	1039.915
J11-01-006	柴油发电机组 135kW	台班	1125.527
J11-01-007	柴油发电机组 160kW	台班	1257.05
J11-01-008	柴油发电机组 200kW	台班	1559.183
J11-01-009	柴油发电机组 320kW	台班	2246.762

《20kV 及以下配电网工程预算定额》（2022 年版）台班单价见表 4-11。

表 4-11　　　　　　　　　　2022 年版配电网定额发电机台班单价

台班编码	定额名称	单位	含燃料动力定额台班单价/元
J11-01-001	柴油发电机组 30kW	台班	482.18
J11-01-003	柴油发电机组 60kW	台班	707.071

《20kV 及以下配电网工程预算定额》（2022 年版）台班单价仅提供 30kW 和 60kW 柴油发电机组单价，配电网工程其他功率柴油发电机组的机械台班单价 2023 年水平需参考《20kV 及以下配电网工程预算定额》（2016 年版）进行调整。

本研究报告根据《电力工程造价与定额管理总站关于发布 2016 版 20kV 及以下配电网工程概预算定额 2023 年下半年价格水平调整的通知》进行调整得到配电网定额各类柴油发电机的机械台班单价见表 4-12。

表 4-12　　　　　　　　配网定额发电机台班单价表（2023 年水平）

台班编码	定额名称	单位	含燃料动力定额台班单价/元
J11-01-001	柴油发电机组 30kW	台班	585.69
J11-01-002	柴油发电机组 50kW	台班	1027.40
J11-01-003	柴油发电机组 60kW	台班	943.95
J11-01-004	柴油发电机组 100kW	台班	1369.10
J11-01-005	柴油发电机组 120kW	台班	1803.39
J11-01-006	柴油发电机组 135kW	台班	1951.85
J11-01-007	柴油发电机组 160kW	台班	2179.94
J11-01-008	柴油发电机组 200kW	台班	2703.89
J11-01-009	柴油发电机组 320kW	台班	3896.27

因配电网定额未公布机械台班的价格明细，为了在台班单价中扣除燃料动力费，本书根据典型设备的柴油发电耗量和年度市场单价扣减燃料动力费。按照电力定额总站发布的调差文件（2023 年价格水平）计取相关取费后得到全费用综合单价测算得到配电网工程各功率发电机台班全费用综合单价见表 4-13。

表 4-13　　　　　　　　　配网定额发电机台班单价调整表

序号	定额编号	定额名称	不含燃料动力费定额台班基价/元					
			定额台班单价	定额调差（16.13%）	措施费（24.6%）	利润（12.4%）	税金（9%）	全费用台班单价
1	J11-01-001	柴油发电机组 30kW	241.97	39.03	69.13	34.84	34.65	419.62
2	J11-01-002	柴油发电机组 50kW	309.82	49.97	88.51	44.61	44.36	537.28
3	J11-01-003	柴油发电机组 60kW	386.75	62.38	110.49	55.69	55.38	670.69
4	J11-01-004	柴油发电机组 100kW	412.56	66.55	117.86	59.41	59.07	715.45
5	J11-01-005	柴油发电机组 120kW	606.01	97.75	173.12	87.27	86.77	1050.92
6	J11-01-006	柴油发电机组 135kW	628.56	101.39	179.57	90.51	90.00	1090.03
7	J11-01-007	柴油发电机组 160kW	652.76	105.29	186.48	94.00	93.47	1132.00

续表

序号	定额编号	定额名称	不含燃料动力费定额台班基价/元					
			定额台班单价	定额调差（16.13%）	措施费（24.6%）	利润（12.4%）	税金（9%）	全费用台班单价
8	J11-01-008	柴油发电机组200kW	801.42	129.27	228.95	115.41	114.75	1389.80
9	J11-01-009	柴油发电机组320kW	985.04	158.89	281.41	141.85	141.05	1708.23

注：1. 定额调差系数和税率以最新发布的相关法规文件以及合同约定进行实时调整。
　　2. 安全文明施工费费率为23.43%。

（3）计价依据对比。

为评估《电力建设工程施工机械台班费用定额》（2018年版）配电网定额分析结果的合理性，本书以广东部分地区的市场租赁单价作为对比对象进行论述。发电机台班全费用综合单价（不含燃料动力费）对比见表4-14。

表4-14　　　　发电机台班全费用综合单价（不含燃料动力费）对比　　（单位：元）

发电机类别	2018年版电力定额	韶关工程租赁参考单价	云浮工程租赁参考单价	配电网定额
30kW 柴油发电机	90.62			419.62
50kW 柴油发电机	98.87			537.28
60kW 柴油发电机	105.04			670.69
100kW 柴油发电机	1730.75	2820	3250	715.45
120kW 柴油发电机	1854.29			1050.92
135kW 柴油发电机	1977.86			1090.03
160kW 柴油发电机	2101.43			1132.00
200kW 柴油发电机	2337.62	3449	3250	1389.80
320kW 柴油发电机	3170.07			1708.23
400kW 柴油发电机	3552.63	4595	3656.25	
500kW 柴油发电机	4615.00	5080	4062.5	
600kW 柴油发电机	5677.36	5670	4875	
800kW 柴油发电机	7803.70	8799	7718.75	
1000kW 柴油发电机	9926.80	10 445	8531.25	

注：以上单价均不包含燃料动力费，且都包含取费和税金。

通过对比可知，《电力建设工程施工机械台班费用定额》（2018 年版）配电网定额分析结果与选取的韶关、云浮等地的工程租赁参考单价存在差异。

1）韶关工程租赁参考单价整体偏高，经了解此费用对应的柴油发电机（车）组发动机选用美国康明斯、美国卡特彼勒、瑞典沃尔沃、日本三菱、日本小松、英国帕金斯等主要知名品牌；发电机选用英国斯坦福、美国马拉松、法国利莱森玛、日本大洋等主要知名品牌，价格水平相对较高。

2）云浮工程租赁参考单价整体偏低，经了解此单价主要为 2019 年市场价格水平，缺乏一定的时效性。

3）100kW 以下的发电机 2018 年版电力定额机械台班单价扣除燃料动力费后仅为 89～104 元/台班，明显偏低于同功率等级的配电网定额发电机台班单价，也远低于 100kW 柴油发电机的市场租赁价，结合调研情况本书认为 2018 年版电力定额 100kW 以下的发电机机械台班单价不适用保供电单项工程。100kW 以下的发电机机械台班单价推荐采用配电网工程预算定额的机械台班单价。

4）100～320kW 的发电机 2018 年版电力机械定额台班单价扣除燃料动力费后为 1800～3200 元/台班，高于配电网定额同功率发电机台班单价，但更接近韶关工程和云浮工程的市场租赁单价，综合考虑合规性与合理性，采用 2018 年版电力定额标准较贴近市场价且有利于造价管控。

5）320kW 以上功率等级的发电机仅有 2018 年版电力定额单价和市场租赁单价，2018 年版电力定额发电机台班单价扣除燃料动力费后为 3200～9900 元/台班，与韶关局和云浮局发布的市场租赁单价相对接近，考虑到现行 2018 年版电力定额标准法律效力更高，更满足合规性要求，因此，320kW 以上功率等级的发电机台班单价也推荐采用 2018 年版电力定额标准。

（4）结论。

根据前述计价标准的对比与分析，当发电机功率小于 100kW 时推荐采用配电网定额计算得到的台班综合单价，当发电机功率大于 100kW 时采用《电力建设工程施工机械台班费用定额》（2018 年版）计算台班单价，具体见表 4-15。

表 4-15   施工单位提供发电机台班费用计算推荐

序号	发电机名称	定额编号	定额基价/元	全费用台班单价/元
1	30kW 发电机	配网 J11-01-001	290.07	419.62
2	50kW 发电机	配网 J11-01-002	371.41	537.28
3	60kW 发电机	配网 J11-01-003	463.64	670.69
4	100kW 发电机	2018 主网 JT10-14	1269.11	1730.75
5	200kW 发电机	2018 主网 JT10-14×1.35	1714.11	2337.62
6	400kW 发电机	2018 主网 JT10-15	2605.05	3552.63
7	500kW 发电机	2018 主网 JT10-15×1.30	3384.05	4615.00
8	600kW 发电机	2018 主网 JT10-16×0.73	4163.05	5677.36
9	800kW 发电机	2018 主网 JT10-16	5722.24	7803.70
10	1000kW 发电机	2018 主网 JT10-16×1.27	7279.05	9926.80

注：以上单价均不包含燃料动力费。全费用台班单价计算时考虑了价差、措施费、利润和税金。

本指引中定额调差按照 2023 年度定额调差文件，具体实施时候按照最新公布年度差异执行，定额调差系数和税率以最新发布的相关法规文件，以及合同约定进行实时调整。

燃料动力费按照价格主管部门公布的当期市场指导价进行计算。

2. 租赁发电车的台班费计算

如前文所述，租赁发电车进行保供电的，则：

发电车台班费=折旧费+检修费+维护费+燃料动力费+其他费（如发生）+机上人工费

与发电机的台班费研究类似，本书论述时仍然将发电车台班费分解为"燃料动力费"和"不含燃料动力费的台班费"。燃料动力费的计算同样可根据发电机车功率等级确定燃油耗量，按现时市场指导价据实计算。

目前，电力工程定额中均未发布发电车机械台班单价。考虑到发电车相较于发电机在功能和技术性能、设备原价等方面均存在差异，因此发电车计价也不宜参照电力定额中发电机的台班单价。

部分团体或协会发布了发电车机械台班的指导价，例如广东省电力行业协会印发的《广东省电力行业 10kV 配电网不停电作业收费标准》（2019 年版），给出了 200～1000kW 低压发电车、1000～2000kW 中压发电车的台班单价。

但是此类标准在电网工程审计过程中并未被普遍认可,各方对其单价水平认可度不一。

本书依据住房和城乡建设部 2015 年印发的《建设工程施工机械台班费用编制规则》(建标〔2015〕34 号),借鉴电力工程台班定额测算和编制的思路,采用设备原值组价法对发电车台班单价进行分析并提出发电车保供电的机械租赁台班单价建议值。

(1)施工机械台班单价的费用计算理论。

1)单价组成。

$$台班单价=折旧费+检修费+维护费+操作人工费+其他费$$

施工机械台班应按八小时工作制计算。

2)折旧费。

台班折旧费按下列公式计算:

$$折旧费 = 预算价格 \times \frac{1-残值率}{耐用总台班}$$

发电车预算价格应按下列公式计算:

$$发电车预算价格=发电车原值+相关手续费和一次运杂费+车辆购置税$$

相关手续费和一次运杂费按实际费用综合取定;车辆购置税应按下式计算:

$$车辆购置税=计取基数 \times 车辆购置税率$$

其中,计取基数=机械原值+相关手续费和一次运杂费,车辆购置税率执行国家有关规定按 10%计算。

残值率指施工机械报废时回收其残余价值占施工机械预算价格的百分比,本书残值率按 5%取定。

耐用总台班指施工机械从开始投入使用至报废前使用的总台班数,耐用总台班按相关技术指标确定。

年工作台班指施工机械在一个年度内使用的台班数量。年工作台班在制度工作日基础上扣除检修、维护天数及考虑机械利用率等因素综合取定。

折旧年限指施工机械逐年计提固定资产折旧的年限,折旧年限应按现行国家有关规定取定。

$$折旧年限 = \frac{耐用总台班}{年工作台班}$$

折旧年限在规定的年限内取整数。

3）检修费。

台班检修费按下列公式计算：

$$检修费 = \frac{一次检修费 \times 检修次数}{耐用总台班}$$

一次检修费指施工机械一次检修发生的工时费、配件费、辅料费、燃料费等，其数额参照施工机械相关技术指标和参数，结合现行市场价格综合取定；检修次数指施工机械在其耐用总台班内的检修次数。检修次数按施工机械的相关技术指标取定。

4）维护费。

维护费按下列公式计算：

$$维护费 = \frac{\Sigma(各级维护一次费用 \times 各级维护次数) + 临时故障排除费}{耐用总台班}$$
$$+ 替换设备和工具附具台班摊销费$$

各级维护一次费用按施工机械的相关技术指标，结合现行市场价格综合取定；各级维护次数按施工机械的相关技术指标取定；临时故障排除费按各级维护费之和的百分数取定；替换设备和工具附具台班摊销费应按施工机械的相关技术指标，结合现行市场价格综合取定。

当维护费计算公式中各项数值难以取定时，维护费按下列公式计算：

$$维护费 = 检修费 \times K$$

式中，K 为维护费系数，指维护费占检修费的百分数。

5）操作人工费。

操作人工费按下列公式计算：

$$人工费 = 人工消耗量 \times \left(1 + \frac{年制度工作日 - 年工作台班}{年工作台班}\right) \times 人工单价$$

人工消耗量指机上司机（司炉）和其他操作人员工日消耗量；年制度工作日执行国家有关规定；人工单价执行电力工程造价管理部门有关规定。

6）其他费。

其他费按下列公式计算：

$$其他费 = \frac{年车船税+年保险费+年检测费}{年工作台班}$$

年车船税、年检测费用执行现行国家及地方政府有关部门的规定；年保险费执行现行国家及地方政府有关部门强制性保险的规定，非强制性保险内容不计算在内。

（2）设备原价的选取。

本书选取广东地区发电车市场报价作为测算输入值，见表 4-16。

表 4-16　　　　　　　　　　　设备原价一览表

序号	发电车类别	发电车原价/（元/台班）
1	100kW 发电车	115 000
2	200kW 发电车	290 000
3	300kW 发电车	380 000
4	400kW 发电车	478 000
5	500kW 发电车	750 000
6	600kW 发电车	1 050 000
7	800kW 发电车	1 470 000
8	1000kW 发电车	1 890 000

（3）台班费计算过程及结果。

本研究项目基于台班费的构成，基于上述发电原价，通过详细计算发电车台班所需的人工、设备折旧、维修和燃料动力等费用计算发电车台班单价，测算过程见表 4-17。

（4）结论。

为分析组价结果的合理性，将上述结论分别与《广东省电力行业 10kV 配电网不停电作业收费标准》、韶关及云浮的市场租赁指导价进行同口径对比分析，对比结果见表 4-18。

发电车台班组价过程表

表 4-17

序号	费用名称	100kW发电车	200kW发电车	300kW发电车	400kW发电车	500kW发电车	600kW发电车	800kW发电车	1000kW发电车	计算过程
一	台班费	2741.98	3010.67	3269.49	3822.09	4239.71	5102.45	6551.56	7939.26	台班费=(折旧费+检修费+维护费+安拆费及场外运费+人工费+燃料动力费+其他费用)×[1+6%(措施费)+28.74%(管理费)+9%(税金)]
1	折旧费	122.84	309.77	405.90	510.58	801.12	1121.57	1570.19	1976.09	折旧费=预算价格×(1-残值率)/耐用总台班
1.1	预算价格	129 950	327 700	429 400	540 140	847 500	1 186 500	1 661 100	2 090 500	预算价格=施工机械原值+相关手续费+车辆购置税
1.1.1	施工机械原值	115 000	290 000	380 000	478 000	750 000	1 050 000	1 470 000	1 850 000	市场价
1.1.2	相关手续费	3450	8700	11 400	14 340	22 500	31 500	44 100	55 500	相关手续费=施工机械原值×3%
1.1.3	车辆购置税	11 500	29 000	38 000	47 800	75 000	105 000	147 000	185 000	车辆购置税=施工机械原值×10%
1.2	残值率	0.05	0.05	0.05	0.05	0.05	0.05	0.05	0.05	按常规规定固定资产残值率5%考虑
1.3	耐用总台班	1005	1005	1005	1005	1005	1005	1005	1005	耐用总台班=折旧年限×年工作台班
1.3.1	折旧年限	15	15	15	15	15	15	15	15	综合发电机与车辆折旧年限取定
1.3.2	年工作台班	67	67	67	67	67	67	67	67	结合低压发电车作业时长及折旧年限测定：8000（h）/15（年）/8（h/台班）=66.67（台班/年），按年工作台班67（台班/年）取定

续表

序号	费用名称	100kW发电车	200kW发电车	300kW发电车	400kW发电车	500kW发电车	600kW发电车	800kW发电车	1000kW发电车	计算过程
2	检修费	242.99	242.99	262.69	328.36	328.36	394.03	525.37	656.72	年检修费×检修次数×除税系数/耐用总台班
2.1	年检修费	18 500	18 500	20 000	25 000	25 000	30 000	40 000	50 000	市场价
2.2	检修次数	15	15	15	15	15	15	15	15	按折旧年限取定
2.3	耐用总台班	1005	1005	1005	1005	1005	1005	1005	1005	耐用总台班=折旧年限×年工作台班
2.4	除税系数	0.88	0.88	0.88	0.88	0.88	0.88	0.88	0.88	（自行检修比例+委外检修比例）/（1+13%）
2.4.1	自行检修比例	0.2	0.2	0.2	0.2	0.2	0.2	0.2	0.2	按《建设工程施工机械台班费用编制规则》中大型器械取定
2.4.2	委外检修比例	0.8	0.8	0.8	0.8	0.8	0.8	0.8	0.8	按《建设工程施工机械台班费用编制规则》中大型器械取定
3	维护费	792.13	792.13	856.36	1070.45	1070.45	1284.54	1712.72	2140.90	维护费=检修费×K值
3.1	检修费	242.99	242.99	262.69	328.36	328.36	394.03	525.37	656.72	检修费=年检修费×检修次数×除税系数/耐用总台班
3.2	K值	3.26	3.26	3.26	3.26	3.26	3.26	3.26	3.26	K值参考柴油发电机组3.26
4	安拆费及场外运费	0	0	0	0	0	0	0	0	不需安拆的施工机械，不计
4.1	安拆费	0	0	0	0	0	0	0	0	不需一次安拆费
4.2	场外运费	0	0	0	0	0	0	0	0	不需相关机械辅助运输，不计算场外运费

续表

序号	费用名称	100kW发电车	200kW发电车	300kW发电车	400kW发电车	500kW发电车	600kW发电车	800kW发电车	1000kW发电车	计算过程
5	人工费	301.88	301.88	301.88	301.88	301.88	301.88	301.88	301.88	广东地区部分城市发电车司机人员工日综合单价建议表
6	其他费用	447.76	447.76	447.76	447.76	447.76	447.76	447.76	447.76	其他费用=年保险费/年工作台班
6.1	年车船税	0	0	0	0	0	0	0	0	
6.2	年保险费	30 000	30 000	30 000	30 000	30 000	30 000	30 000	30 000	按照特种车所需的车损险，第三者责任险等险种的商业保险市场价计取
6.3	年检测费	0	0	0	0	0	0	0	0	
6.4	年工作台班	67	67	67	67	67	67	67	67	根据台班使用率取定
	台班基价	1908	2095	2275	2659	2950	3550	4558	5523	台班费=（折旧费+检修费+维护费+安拆费及场外运费+人工费+燃料动力费+其他费用）
计算结果	综合单价	2741.98	3010.67	3269.49	3822.09	4239.71	5102.45	6551.56	7939.26	台班费=（折旧费+检修费+维护费+安拆费及场外运费+人工费+燃料动力费+其他费用）×[1+6%（措施费）+9%（税金）]（管理费）+28.74%

注：
1. 施工机械原值：发电车施工机械原值按照 2024 年最新市场价进行调整。
2. 年工作台班：根据机组技运时间上限及机组累计运行时间上限，结合低压发电车作业时长及折旧年限测定，例如 8000h/15 年/8h/台班=66.67 台班/年，按年工作台班 67 台班取定。
3. 自行检修比例：按《建设工程施工机械台班费用编制规则》中大型器械取定。
4. 委外检修比例：按《建设工程施工机械台班费用编制规则》中大型器械取定。
5. 燃料动力费另行计列，不在台班费中计取。

表 4-18		发电车台班单价汇总		（单位：元/台班）
发电车类别	设备原值组价法	广东省电力协会文件	某供电局 1 案例经验	某供电局 2 案例经验
100kW 发电车	2741.98	3017	3682	3098.5
200kW 发电车	3010.67	3017	3682	3807.2
400kW 发电车	3822.09	4252	3682	5058.6
500kW 发电车	4239.71	4252	4156	5742.4
600kW 发电车	5102.45	4252	4984	6163
800kW 发电车	6551.56	6569	7723	9749.4
1000kW 发电车	7939.26	8047	8666	13 628

注：以上费用不包含燃料动力费。

本书采用的设备原值组价法组价结果整体低于市场租赁指导价，与《广东省电力行业 10kV 配电网不停电作业收费标准》（2019 年版）单价水平接近，但略低。综合考虑合规性与价格的合理性，采用设备原值组价法更有利于造价管控。设备原值组价法组价结果摘要于表 4-19 中。

表 4-19	租赁发电车台班单价推荐表	（单位：元/台班）
发电车类别	定额基价	综合单价
100kW 发电车	1908	2741.98
200kW 发电车	2095	3010.67
400kW 发电车	2659	3822.09
500kW 发电车	2950	4239.71
600kW 发电车	3550	5102.45
800kW 发电车	4558	6551.56
1000kW 发电车	5523	7939.26

注：以上单价均不包含燃料动力费。全费用台班单价计算时考虑了价差、措施费、利润和税金。

燃料动力费参照价格主管部门公布的当期市场指导价进行计算。

4.5　保供电项目计价指引

1. 保供电项目费用属性

发电车（机）保供电费用属性与电网工程预算中的临时设施费、安全文明施工费存在相似之处，但不应视为同一费用属性。

发电车（机）保供电的实施主要是在电力设施建设、改造或维护期间，确保施工区域及周边用户的电力供应不中断，满足正常用电需求。其实施的目的包括：通过提供电力保障服务，确保电力供应的稳定性和可靠性，防止因电力故障或中断而造成的损失；通过投入必要的资源和技术手段，提高供电服务的质量和效率，满足用户对电力供应的需求和期望。发电车（机）保供电费用的计算需要考虑多种因素，包括所需供电的规模、时间、地点、设备类型等。

电网工程建设预算编制与计算规定中的临时设施费，是指施工企业为满足现场正常生产、生活需要在现场必须搭设的生产、生活用临时建筑物、构筑物和其他临时设施所发生的费用，以及维修、拆除、折旧及摊销费，或临时设施的租赁费等。临时设施包括职工宿舍，办公、生活、文化、福利等公用房屋，仓库、加工厂、工棚、围墙等建、构筑物，站区围墙范围内的临时施工道路及水、电（含 380V 降压变压器）、通信的分支管线，以及建设期间的临时隔墙等。

临时设施费不包括：

（1）施工电源：施工、生活用 380V 变压器高压侧以外的装置及线路。

（2）水源：场外供水管道及装置，水源泵房，施工、生活区供水母管。

（3）施工道路：场外道路，施工、生活区的建筑安装共用的主干道路。

（4）通信：场外接至施工、生活区总机的通信线路。

因此《电网工程建设预算编制与计算规定》中的临时设施费包含了为施工现场生产生活服务的临时供电，这与本书研究的发电车（机）保供电不是同一个概念。因此发电车（机）保供电相关费用没有包含在预规临时设施费中。

电网工程建设预算编制与计算规定中的安全文明施工费，包括：

（1）安全生产费，为施工企业专门用于完善和改进企业及项目安全生产条件的资金，包括：完善、改造和维护安全防护设施设备支出；配备、维护、保养应急救援器材、设备支出和应急演练支出；开展重大危险源和事故隐患评估、监控和整改支出；安全生产检查、评价、咨询和标准化建设支出；配备和更新现场作业人员安全防护用品支出；安全生产宣传、教育、培训支出，安全宣传类标牌制作、租赁费以及各种安全生产制度体系监理。安全生产适用的新技术、新标准、新工艺、新装备的推广应用支出；安全设施及特种设备检测检验支出。

（2）文明施工费，为施工现场文明施工所需要的各项费用，包括：现场采用封闭围墙；围挡材料可采用彩色、定型钢板，砖、混凝土砌块等墙体；在进门处悬挂工程概况、管理人员名单及监督电话、文明施工、消防保卫板；施工现场总平面图；现场出入的大门应设有本企业标识或企业标识；厂容厂貌相关内容；材料堆放相关内容；文明施工管理、监督制度、体系及机构建设。

（3）环境保护费，为施工现场为达到环保部门要求所需要的各项费用，包括：施工过程中的淋水降尘，现场土方的覆盖、表面固化及淋水降尘；现场道路清扫、洒水压尘；施工现场应设置密闭式垃圾站，施工垃圾、生活垃圾应分类存放；施工人员佩戴的防尘面罩、毛巾、工作服，下班后的洗澡、洗衣；现场噪声控制；节能降耗措施等；环境保护管理制度、监督制度、体系及机构建设等。

同理，电网工程预算编制规定中安全文明施工费属性，其内容性质和范围与本课题研究的发电车（机）保供电也不是同一个概念。

从费用性质上看，发电车（机）保供电应属于为降低项目建设可能导致的环境社会影响而采取的措施性费用。通过梳理以往案例和相关指引可知，各供电局在实施时均在预算文件中单独列支费用，且一般列支于"安装工程费"计入工程本体费用。

结合配网基建项目适用的《20kV 及以下配电网工程预算定额》（2022 年版）分析，从费用归属的角度来看，保供电费用与带电作业密切相关。带电作业作为配电网项目中的一项关键技术措施，其相关的设备购置、人员培训、材料消耗等费用都应该计入配电网项目的安装工程费中。而"带电作业"项目作为安装工程费的一个子项，能够更准确地反映保供电费用在配电网项目中的实际支出情况。

在技改项目中，临时工程是确保施工顺利进行和保障电力供应稳定的关键。这些临时工程可能包括临时供电线路、临时变压器、临时配电箱等，它们为施工现场提供必要的电力支持，确保施工设备和工具的正常运行。将保供电费用计入技改项目的"临时工程"项目，既符合技改项目的性质，也反映了保供电费用在技改项目中的实际用途。

综合上述分析，发电车（机）保供电相关费用采用《20kV 及以下配电网工程建设预算编制与计算规定》（2022 年版，简称 2022 年版配电网定额）编制时，应作为建安工程费的一部分，计入安装工程费的"带电作业"项目；采用生产技改项目《电网技术改造工程预算编制与计算规定》（2020 年版，简称 2020 年版技改定额）编制时，应作为建安工程费的一部分，计入安装工程费的"临时工程"项目。采用其他定额体系时，可参照上述原则。

2. 保供电项目各阶段造价管理要求

（1）可行性研究阶段。

在开展可行性研究时，可研编制单位需向工程所在的供电局生产运维部门收资，并在可研报告中明确是否需要采取保供电措施。经评估需要开展保供电的，由供电局组织内审和外审后确定保供电方案，由可研编制单位根据审定方案在可研估算中预留保供电相关费用。相关费用可根据可研阶段技术方案工程量结合上文计算方法进行计算，也可参考类似工程或典型方案造价指标计列一笔性费用。

通过分析归纳以往案例，本课题归纳典型方案为：发电机监控平均工日为 5 工日；发电机辅助拖车平均台班为 1 台班；发电车司机人工平均工日为 1 工日；装拆接地极平均根数为 1 根；装拆接地引下线平均长度为 15m；接地电阻测量平均基数为 1 基；配电装置检查（调试）平均为 1 项；电缆装拆平均长度为 190m；电力电缆试验 1kV 平均回路为 1 回；穿刺线夹平均个数为 1 个。发电车（机）保供电典型方案见表 4-20。发电车（机）保供电典型方案综合单价（2022 年版配电网定额）见表 4-21。发电车（机）保供电典型方案综合单价表（2020 年版技改定额）见表 4-22。

表 4-20　　　　　　　**发电车（机）保供电典型方案**

作业项目	单位	参考工程量
保供电勘察现场及发电机监控	工日	5
发电机辅助拖车（可根据实际车型调整定额）	台班	1
发电车司机人工（使用拖车时不计）	工日	1
装拆接地极	根	1
装拆接地引下线	m	15
接地电阻测量	基	1
配电装置检查（调试）	项	1
电缆装拆 1kV 电缆−1×240mm² （可根据电缆型号调整定额）	m	190
电力电缆试验 1kV	回路	1
穿刺线夹 240（按实计列）	个	1

表 4-21　　**发电车（机）保供电典型方案综合单价表（2022 年版配电网定额）**

作业项目	单位	综合单价
保供电勘察现场及发电机监控	元/工日	264
发电机辅助拖车（可根据实际车型调整定额）	元/台班	1466
发电车司机人工（使用拖车时不计）	元/工日	264
装拆接地极	元/根	85
装拆接地引下线	元/m	21
接地电阻测量	元/基	106
配电装置检查（调试）	元/项	25
电缆装拆 1kV 电缆−1×240mm² （可根据电缆型号调整定额）	元/m	22
电力电缆试验 1kV	元/回	126
穿刺线夹 240（按实计列）	元/个	218

表 4-22　　**发电车（机）保供电典型方案综合单价表（2020 年版技改定额）**

作业项目	单位	单价指标
保供电勘察现场及发电机监控	元/工日	232
发电机辅助拖车（可根据实际车型调整定额）	元/台班	1125
发电车司机人工（使用拖车时不计）	元/工日	232

续表

作业项目	单位	单价指标
装拆接地极	元/根	133
装拆接地引下线	元/m	31
接地电阻测量	元/基	71
配电装置检查（调试）	元/项	31
电缆装拆 1kV 电缆−1×240mm²（可根据电缆型号调整定额）	元/m	29
电力电缆试验 1kV	元/回	278
穿刺线夹 240（按实计列）	元/个	218

（2）初步设计阶段。

发电车（机）保供电常见于配网工程或技改检修工程。根据当前管理模式，配网工程或技改检修工程较少开展初步设计，因此一般不涉及此阶段造价管理。如若开展初步设计，则发电车（机）保供电相关费用建议根据初设阶段技术方案工程量结合上文计算方法进行计算。

（3）施工图设计阶段。

在开展施工图设计时，设计单位应当在踏勘及调研的基础上对保供电实施方案进行复核，相关内容应得到基建管理部门、生产运维部门、项目管理机构的认可。施工图预算中应根据专项方案的工程量结合上文方法计列相关费用。

（4）实施阶段。

实施保供电措施时，原则上采用供电局自有发电车。自有发电车不足时，经项目管理机构申请、生产运维部门审批同意可由施工单位提供。施工单位结合现场实际情况对施工图说明或图纸载明的保供电专项方案进行复核后提出施工方案，并经项目管理机构、生产运维部门审批同意。实施过程中，各方需对实际发生的人工、机械及其他工作量进行签证确认。

（5）结算阶段。

在竣工结算时，需以施工合同为基础，参照本课题提供的方法确定结算费用，并提供签证和详尽的过程资料作为支撑。实施过程中，各方需对实际发生的人工、机械及其他工作量进行签证确认，签证表格式可参考表 4-23 进行设定。

表 4-23　　　　　　　　　　发电车（机）保供电签证单参考格式

序号	项目名称	型号规格	单位	数量	签证要求
1	保供电现场勘察	安装技术工	工日		按实际勘察现场人员数量、工作时长，按 8h/工日折算
2	发电车（机）现场监控费	安装技术工	工日		按实际现场监控人员数量、工作时长，按 8h/工日折算
3	发电车驾驶员	安装技术工	工日		从发电机出发开始至发电机停机运回为止，按 8h/工日折算，当采用拖车时不得计列
4	发电机辅助拖车	注明机械名称和规格	台班		按 8h/台班折算，当采用发电车时不得计列
5	接地极拆装	接地极拆装	根		按实际数量签证
6	接地引下线拆装	接地引下线拆装	m		按实际数量签证
7	接地电阻测量		基		按实际接地电阻测量次数计算
8	随车电缆拆装	注明型号规格，其中甲供××m，乙供××m	m		按实际长度签证
9	电力电缆常规试验	绝缘遥测	回		试验报告作为结算依据
10	绝缘穿刺线夹（材料）	注明型号规格	个		按实际数量签证
11	配电装置检查		间隔		按一个回路为一个间隔计算，无须试验报告
12	电缆接入或中间驳接	注明电缆截面	单相		按实际数量签证
13	租赁发电车（机）台班	注明类型与型号	台班		按 8h/台班折算，由供电局自有设备保供电时不得计列

施工单位签名（盖章）： 年　月　日	监理单位签名（盖章）： 年　月　日	项目实施部门验收人员及项目负责人签名（盖章）： 年　月　日

在竣工结算时，需以施工合同为基础进行费用结算，并提供结算支撑材料，一般包括不限于：

1）批复的保供电方案及工程图纸（如有）。

2）保供电方案结算书。

3）工程量签证表。

4）现场实施照片等记录文件。

5）保供电车（机）型号、台班等证明材料。

第5章 输变电工程保供电典型案例

5.1 案 例 描 述

某输变电工程建设时，引起 10kV 线路迁改，为确保施工期间所覆盖区域正常供电，需要开展为期约 30 天的保供电任务。

5.2 保 供 电 实 施 方 案

经计算评估，需采用 1 台 1000kW 发电车参加保电。应供电局相关管理部门暂时无法调拨发电车，经申请批准，由输变电工程施工单位租赁发电车并支付相应费用，待保供电任务完成后一并结算。

不停电作业类型：发电车 1 台 1000kW。

不停电作业地点：共 1 处。

不停电作业工作票计划开始时间：11 日 09 时 50 分。

图 5-1 所示为某发电车保供电项目作业。

工作内容：

（1）现场发电车技术值守人员：30 人·天，值守时间 11 日 12 时 20 分至次月 11 日 00 时 05 分。

（2）1000kW 发电车 1 台（施工单位自行提供），30 个台班。

（3）施工单位发电车司机 30 个工日。

（注：发电车司机以 8h 工作为基础，发电车司机超过 8h，小于或等于 12h，按每人 1.5 工日计取；超过 12h，小于或等于 16h，按每人 2 工日计取。）

（4）安装、拆除接地极 5 根。

（5）安装、拆除接地母线、避雷引下线 1000m。

（6）接地电阻测量 5 基。

（7）配电装置检查 1 项。

（8）敷设、拆除低压柔性电缆 240mm^2（由施工方提供资料，提前 1 天敷设，未使用随车电缆）共 2000m。

（9）电力电缆试验 2 回。

（10）安装绝缘穿刺线夹 8 个。

图 5-1　某发电车保供电项目作业

（注：图中抹掉了不宜公开信息）

5.3　发电车保供电工程量统计

按照计价的维度，结合实施方案及工程量签证单，对本保供电项目的工程量进行统计，统计结果见表 5-1。

表 5-1　　　　　　　　　　**某发电车保供电项目工程量统计**

项目名称	签证具体要求	单位	数量	说明	签证量
保供电现场勘察	按实际勘察现场人员数量、时间计算（1 个工日为 8h，按时长折算工日）	工日	30		30
发电车	1000kW 发电车	台班	30	发电车 2 处 1000kW	30
发电车现场监控费	按实际现场监控人员数量、时间计算	工日	2	某年某月 11 日 12 时 20 分至某年某月 16 日 00 时 05 分，共 4 人	2
发电车驾驶员	按台班（1 个台班为 8h，按时长折算台班）	台班	30		30
接地电阻测量	按实际接地电阻测量计算，一般一次供电活动为 1 基	基	5		5
绝缘穿刺线夹（材料）	实际使用材料数量计算	个	8		8
随车电缆与配电装置拆装	按实际拆装回路数计算	回	2		2
接地极制作拆装	接地极制作及拆装	根	5	单根长度 1m	5
配电装置检查	按实际连接配电装置检查数量统计，一般一次作业为一个	间隔	2		2
电缆拆装（单芯电缆）	按实际放线长度	m	2000		2000
电力电缆常规试验	实际试验数量	组	2	试验项目：1kV 电力电缆试验 1 次	2
施工单位签名（盖章）： 年　月　日	监理单位签名（盖章）： 年　月　日	项目实施部门验收人员及项目 负责人签名（盖章）： 年　月　日			

5.4　工　程　造　价　计　算

根据前文提出的计价方法，根据本工程的性质执行电力技改定额计算得到本工程竣工结算总价 387 627 元，计算过程见表 5-2～表 5-5。竣工结算总价乘以施工合同下浮率 5%，得到结算费用为 368 245.65 元。

表 5-2　　　　　　　技术改造工程总结算汇总表　　　　（单位：万元）

序号	工程或费用名称	金额	占工程投资的比例（%）
一	建筑工程费		
二	安装工程费	387 627	100
三	拆除工程费		
四	设备购置费		
五	其他费用		
六	基本预备费		
七	特殊项目		
工程投资合计		387 627	100

表 5-3　　　　　　　技术改造安装工程专业汇总结算表　　　　（单位：元）

序号	工程或费用名称	安装工程费			设备购置费	合计
		未计价材料费	安装费	小计		
	安装工程	1400	386 227	387 627		387 627
1	保供电工程	1400	386 227	387 627		387 627
	合计	1400	386 227	387 627		387 627

表 5-4　安装工程专业汇总表（取费）

（单位：元）

序号	项目名称	直接费				间接费		利润(5.432%)	编制基准期价差	增值税(9%)	合计	合计		
		直接工程费			措施费	规费	企业管理费(17.61%)					合计	其中：安装费	其中：未计价材料费
		人工费	材料费	机械费										
	安装工程	40 579	2597	375	7886	15 974	7212	2225	3952	7272	387 627	387 627	386 227	1400
1	保供电工程	40 579	2597	375	7886	15 974	7212	2225	3952	7272	387 627	387 627	386 227	1400

表 5-5　技术改造安装工程结算

（单位：元）

序号	编制依据	项目名称	单位	数量	设备单价	未计价材料单价	安装单价			设备合价	未计价材料合价	安装合价		
							定额基价	其中：人工	其中：机械			费用金额	其中：人工	其中：机械
		安装工程									1400	386 227	40 579	375
1		保供电工程									1400	386 227	40 579	375
		保供电勘察、监控人员	工日	4			232					928		
		发电车司机人工 发电车	工日	30			415					12 450		
	ZHJ003	1000kW 发电车租赁	台班	30			7939.26					238 178		
		燃料动力费	项	30			1600					48 000		
	调 XYD8-4 R×1.1 C×1.1 J×1.1	接地极制作拆装 普通土 钢材	根	5			79.54	39.14	15.62			398	196	78

续表

序号	编制依据	项目名称	单位	数量	设备单价	未计价材料单价	安装单价			设备合价	未计价材料合价	安装合价		
							定额基价	其中:人工	其中:机械			费用金额	其中:人工	其中:机械
	调XYD8-17 R×1.1 C×1.1 J×1.1	接地母线拆装避雷引下线拆装	m	1000			16.58	15.37	0.14			16 577	15 367	143
	JYX3-212	接地电阻测量	基	5			38.53	22.17	16.36			193	111	82
	调XYL1-4 C×0 J×0	1kV电缆更换沟槽直埋截面积240mm²以内	100m	20			1235.56	1235.56				24 711	24 711	
	JYD7-47	电缆敷设及试验电力电缆试验1kV	回路	2			127.49	92.92	31.95			255	186	63
		穿刺线夹150	个	4		150					600			
		穿刺线夹240	个	4		200					800			
	调JYS3-3 R×0.1 C×0.1 J×0.1	配电装置系统1kV及以下配继电保护	间隔	1			17.58	8.1	9.11			18	8	9
		小计									1400	341 707	40 579	375

参 考 文 献

[1] 王高林. 保供电管理问题与对策分析 [J]. 科技视界，2017（6）：153-154.

[2] 王凤学，等. 保供电型光储微电网运营策略分析[J]. 电力自动化设备，2023（43）：185-191.

[3] 高剑，等. 供电企业保供电服务流程固化研究 [J]. 中国电力教育，2012（9）：120-122.

[4] 彭选辉，等. 供电企业加强常态化管理提升保供电能力研究 [J]. 东北电力技术，2016（37）：51-54.

[5] 陈谨平，等. 谈供电企业保供电的策划 [J]. 电力勘测设计，2015（5）：59-63.

[6] 颜诚，等. 在线保供电储能装置的多模式供电方法 [J]. 高电压技术，2018（44）：1166-1176.

[7] 黄冬燕，等. 智能可视化在现场保供电工作中的应用 [J]. 广西电力，2018（41）：70-72.

[8] 王愚，等. FTTB 场景下基于强化学习的智慧保供电决策方法 [J]. 信息技术，2022（10）：147-153.

[9] 杨翩，等. 基于重大活动保供电的多级联合调控管理模式探索 [J]. 四川电力技术，2018（41）：70-76.

[10] 徐立，等. 适用于城区保供电的配网接线方式 [J]. 电网建设，2017（02）：16-17.

[11] 杜维柱，等. 兼顾保供电/消纳的源荷储灵活性资源优化规划 [J]. 电力建设 2023（44）：13-23.

[12] 电力规划设计总院. 中国电力发展报告 2024 [M]. 北京：人民日报出版社，2024.